TEMA 1

LA TIERRA EN EL UNIVERSO. GEOLOGÍA DE LOS PLANETAS, DE LA TIERRA Y DEL SISTEMA SOLAR. ÚLTIMAS APORTACIONES DE LA CIENCIA EN ESTE CAMPO.

I0484179

0. INTRODUCCIÓN

Vivimos en medio de un gran vacío, surcado por grandes masas de gases y polvo. Algunas de ellas se han concentrado para formar galaxias, estrellas y planetas como el nuestro, la Tierra. Todas estas circunstancias nos hacen plantearnos infinidad de cuestiones y dudas, que se van acrecentando con cada nuevo descubrimiento que hacemos en ese mar de vacío del espacio exterior.

En este tema veremos cómo está situada la Tierra dentro del Universo, cómo se cree que fue el origen tanto del Universo como el de los diversos cuerpos que lo forman y, en concreto, los que constituyen nuestro Sistema Solar. Después pasaremos a ver cómo están compuestos los principales cuerpos de nuestro Sistema Solar, para acabar viendo, muy por encima, las leyes de la mecánica que rige el movimiento de los astros. Sólo nos quedará por comentar algunas de las nuevas aportaciones que se han hecho en este campo.

No es necesario decir la relevancia que tiene este tema tanto en la vida cotidiana de las personas, como en la enseñanza en nuestros institutos y centros de formación. No siempre se le da toda el valor que tiene pues "parece una cosa lejana", ni siempre se profundiza, por razones de tiempo y espacio, en todo el conocimiento que se posee sobre esta materia.

1. LA TIERRA EN EL UNIVERSO

La Tierra está situada, junto con otros ocho planetas dentro del **Sistema Solar**. Ocupa el tercer lugar en distancia a nuestra estrella, el Sol, y todos ellos y otros muchos otros cuerpos estelares (planetas enanos, asteroides, cometas) giran alrededor de ella en órbitas más o menos eclípticas.

Nuestro sistema solar, como otros muchos sistemas estelares, está dentro de una galaxia llamada **Vía Láctea**, en concreto, en uno de sus brazos. La Vía Láctea es una galaxia de tipo espiral, con un núcleo central y dos brazos enrollados en espiral y que giran sobre su centro. Nuestro Sol está a unos 30.000 años luz del centro. A su vez, la Vía Láctea está junto con otras galaxias dentro del **Grupo Local**. Finalmente, todas las galaxias en conjunto forman en **Universo**.

2. EL ORIGEN DE LA TIERRA Y DEL SISTEMA SOLAR

2.1. Origen del Universo

Tradicionalmente, el origen del Universo se viene explicando por la conocida teoría del Big Bang. No obstante, además de ésta existen otras teorías para explicar su origen. Son fundamentalmente tres:

- **Teoría del Big Bang o de la Gran Explosión**. Esta teoría considera la formación del Universo a partir de una gran explosión inicial. Al principio toda la materia del Universo estaba concentrada en un punto, que se hizo inestable y explotó. Esta materia se fue expandiendo poco a poco dando lugar a todos los cuerpos que conocemos hoy día. Esta teoría supone que el Universo está aún en expansión.

- **Teoría del Universo Pulsante**. Según esta teoría, el Universo también está en expansión, pero ésta es simplemente un estado de una serie de ciclos de expansiones y contracciones del Universo. Cuando la compresión de la materia es muy elevada, ésta se haría inestable y explotaría de nuevo.

- **Teoría del Universo Estacionario**. Esta teoría considera al Universo en continua expansión. Para ello supone que se produce materia de alguna manera para mantener constante la densidad del sistema mientras se expande, cosa que la hace poco aceptable.

2.2. Origen del Sistema Solar

Existen varias teorías que intentan explicar el origen del Sistema Solar. De todas ellas, la más aceptada es la **Teoría Planetesimal**, propuesta en los años 40 por von Weizsäcker y Kuiper.

El origen del Sistema Solar se postula hace unos 4600 millones de años. El Sistema Solar surgió como una nube molecular gigante dentro de la Vía Láctea que en los siguientes 100.000 años comenzó a colapsarse bajo su propia gravedad. Éste era el estado de *nebulosa*, que sufrió un colapso gravitatorio. Su núcleo comenzó a rotar lentamente, incrementando la velocidad conforme se reducía el volumen. Mientras tanto, una envoltura de polvo y gas del tamaño de la actual órbita de Plutón cubría el núcleo. Después de unos 100 millones de años y debido a la densidad, la temperatura aumentó considerablemente de manera que en la zona central se iniciaron las reacciones termonucleares propias de las estrellas. La nube comenzó a girar rápidamente, haciendo que los choques entre eliminasen las trayectorias que no estaban en el plano de máxima fuerza centrífuga, que era el ecuatorial. Debido a esto, la nube se aplanó, convirtiéndose en un disco.

Con el aumento de la temperatura central, la materia volátil cercana se evaporaba, mientras que en las regiones exteriores de la nebulosa permanecían frías. Los principales componentes de la nebulosa eran hierro y silicatos, helio e hidrógeno.

Poco a poco, la nebulosa se fue enfriando, y los materiales que la componían se fueron condensando: primero los más pesados (hierro y silicatos), formando los planetas rocosos del interior del Sistema Solar. Los más volátiles eran conducidos hacia fuera, hacia regiones más frías, donde condensaban para formar los grandes planetas gaseosos externos.

Los planetas no se condesaron de una vez, sino a partir de bloques de diferentes tamaños, llamados **planetésimos**. Éstos iban colisionando entre sí hasta que adquirieron órbitas estables, coplanarias y casi circulares. Los planetésimos con órbitas contiguas chocarían a baja velocidad, reuniéndose así las partículas. Este proceso se conoce como **acreación colisional**. Dos bloques que choquen suman sus momentos angulares medios, y esto dio lugar a planetas que tienen rotaciones directas. Es posible que los planetas exteriores no se formaran de esta manera, sino por colapso gravitacional, como el Sol, pero sin que llegara a producirse fusión nuclear.

2.3. Origen de la Tierra

Como el resto de planetas interiores, la Tierra se originó a partir de la condensación de partículas de polvo primero, y trozos más grandes después, por un proceso de acreción. Los cuerpos mayores iban creciendo a costa de los más pequeños, aunque no sería extraño que en ocasiones se destruyeran en pedazos más pequeños en lugar de unirse.

Las colisiones acrecionales provocarían que parte de la energía cinética de la colisión se convirtiera en energía térmica que fundiría la roca. Este calor se fue acumulando en el interior del planeta en formación, incrementando así la temperatura del planeta conforme crecía en tamaño. La Tierra, como el resto de planetas, fue adquiriendo poco a poco la órbita suavemente elíptica que tiene hoy día alrededor del Sol.

Con el tiempo, las colisiones se hicieron cada vez menos frecuentes. Entonces, la temperatura del planeta fue descendiendo y se produjo una desgasificación, con la que se perdió, a diferencia de los planetas mayores, gran cantidad del hidrógeno y helio que había. Posteriormente, se produjo una reducción del hierro primitivo, liberándose vapor. Las diferentes capas de la Tierra también se fueron diferenciando, haciéndose el planeta más estable. Finalmente, se formó la atmósfera y la hidrosfera por condensación del agua.

3. GEOLOGÍA DE LOS COMPONENTES DEL SISTEMA SOLAR

3.1. El Sol

El Sol es la estrella de nuestro sistema solar, sobre la cual giran los planetas y el resto de cuerpos celestes. La principal característica que presenta es su enorme masa, pues engloba el 97,7 % de la masa total del Sistema Solar. Es una estrella de tamaño mediano, que emite una luz amarillenta. Su densidad es de 1,4 g/cm^3; su gravedad de 27,6 g; su periodo de rotación de 25 días.

Si miramos su estructura interna podemos observar, de dentro hacia fuera, las siguientes partes:

- **Núcleo**: es la parte más interna del Sol. Su temperatura es de 10 a 15 millones de grados kelvin y su radio de unos 175.000 km. Los núcleos de los átomos de hidrógeno y helio son despojados de sus electrones y se produce la **fusión nuclear**.

- **Zona de radiación**: en esta zona se transmite la energía generada en el núcleo por radicación.

- **Zona de convección**: aquí la energía es transportada por convección térmica.

- **Fotosfera**: es la superficie del Sol, la que vemos. Su temperatura es de unos 6000 °K y su grosor de alrededor de 400 Km. En ella se observan granulaciones que son debidas a la convección de las capas exteriores.

- **Cromosfera**: es la zona de origen de las protuberancias solares, que pueden llegar a tener hasta un millón de kilómetros. Su espesor es de unos 8.000 Km.

- **Corona**: se trata de una capa que está en continuo movimiento debido a las ondas de choque generadas en la fotosfera. Éstas forman el **viento solar**, que se expande por todo el sistema solar a una velocidad media de 500 Km/s. Esta capa puede llegar a alcanzar los dos millones de grados kelvin. Tanto la corona como la cromosfera se pueden observar desde la Tierra durante los eclipses solares.

El diámetro total del Sol es de alrededor de 1.392.000 Km, unas 109 veces el diámetro de la Tierra. Nuestra estrella gira sobre su eje, por lo que tendrá un polo norte, un polo sur y un ecuador.

En la fotosfera se encuentran las llamadas **manchas solares**, que son zonas más oscuras de la superficie debidas a que presentan una temperatura menor. Las manchas son originadas por el campo magnético que impide que la materia caliente alcance la fotosfera. Tienen un periodo de recurrencia de unos once años, lo que da lugar al **ciclo solar**. Cerca de las manchas, existen zonas más brillantes llamadas **fáculas** y que presentan, al contrario que las manchas solares, una temperatura superior a la media de la fotosfera.

Las **protuberancias solares** es otro fenómeno observable en el Sol, también causado por el magnetismo. Un tipo de protuberancias son las **fulguraciones solares**, causadas por la brusca liberación de energía; forman el típico **viento solar** que a veces llega hasta la Tierra causando perturbaciones en las transmisiones de radio y las famosas **auroras boreales**. Son también las que interactúan con el campo magnético de la Tierra e ionizan la atmósfera superior dando lugar a la ionosfera.

La composición del Sol es de 75% de hidrógeno, 23% de helio y el resto de elementos más pesados. La energía del Sol proviene de la transformación del hidrógeno en helio por medio de la fusión nuclear. En esta transformación, existe una pérdida de masa que se transforma en energía.

La energía total que irradia el Sol es de unos $3,8 \times 10^{23}$ Kw, que equivalen a unos 580.000 millones de kilogramos de hidrógeno que se transforma en helio cada segundo.

3.2. Planetas

Hasta hace poco, estudiábamos nuestro sistema solar como un sistema compuesto por una estrella y nueve planetas. El 24 de agosto de 2006, la Unión Astronómica Internacional redefinió el concepto de planeta, y con este nuevo significado perdimos al último de los planetas, Plutón. Actualmente, podemos decir que nuestro sistema solar consta de *ocho* planetas y una serie de objetos menores llamados planetoides, que veremos más adelante.

Mercurio

Es el planeta más cercano al Sol. No tiene satélites. Su periodo de rotación es de 59 días y su traslación de 88. Está compuesto principalmente por hierro (alrededor del 60%). Temperatura superficial que varía de unos 430 °C de día a -180 °C de noche; esta diferencia se debe a la ausencia de atmósfera.

Su superficie presenta numerosos cráteres de impacto, algunos con fondos planos debido a los flujos de lava. Existen numerosas fallas inversas como resultado de la contracción del planeta después de su formación. Actualmente, no tiene actividad geológica. Existe un campo magnético débil, lo que hace pensar en un interior fundido en movimiento convectivo. Es la planeta más inclinado respecto a la eclíptica.

Venus

Este planeta es de tamaño similar al de la Tierra. Tiene rotación retrógrada y más lenta (243 días) que su traslación (225 días). Su atmósfera es muy densa, con un alto albedo (rechaza alrededor del 80% de la luz incidente); está compuesta de CO_2 (96%), N_2 (3%) y algo de agua, y las nubes contienen gran cantidad de ácido sulfúrico. El CO_2 produce un alto efecto invernadero que eleva su temperatura a unos 480 °C. Son frecuentes las descargas eléctricas. No tiene satélites.

Tierra

Nuestro planeta posee cuatro características peculiares:

- Un satélite de gran tamaño (en comparación con ella).
- 76% de su superficie cubierta por agua.
- Un campo magnético de intensidad apreciable.
- Vida.

Su órbita tiene una excentricidad baja. El periodo de rotación se ha ido reduciendo debido a la presencia de su gran satélite, alargándose de este modo el día. La atmósfera está compuesta por nitrógeno (75%) y oxígeno (21%), que con la energía recibida del Sol genera vientos que son desviados por la fuerza de la rotación (fuerza de Coriolis), formando cinturones climáticos paralelos al ecuador. El eje de rotación está inclinado con respecto a la eclíptica de 21,5° a 24,5°, lo que hace que cada hemisferio del planeta sea más cálido durante medio año. La temperatura media es de 15°C debido al potente efecto invernadero.

Marte

Marte es el tercer planeta del Sistema Solar. Tiene un diámetro de 6.787 Km, más o menos la mitad que el de la Tierra. Es menos denso que la Tierra (3.93 g/cm^3). Su temperatura varía entre los 20°C y los -140 °C. Tiene una atmósfera muy débil (una centésima parte la de la Tierra), compuesta principalmente por CO_2, (95%), y también por nitrógeno, argón y agua. Tiene una meteorología parecida a la Tierra, con grandes tormentas de polvo. No posee un gran campo magnético, por lo que es posible que el núcleo esté bastante frío. Tiene dos satélites pequeños y muy irregulares, Phobos y Deimos.

Júpiter

Se trata del primer planeta gigante o joviano. Concentra el 75% de la masa de todos los planetas. Su densidad, no obstante, es pequeña, 1,31 g/cm^3, lo que quiere decir que posee pocos silicatos. En cambio, posee una gran cantidad de gases: 81% de hidrógeno, 18% de helio y el resto de amoniaco, metano... Su rotación dura unas 9,8 horas. Posee 16 satélites.

Saturno

Quinto planeta del Sistema. Es parecido a Júpiter, pero más pequeño y aplastado por los polos, y con un bandeado menos prominente. Está compuesto principalmente por hidrógeno (90%) y helio (5%), y otros gases minoritarios. El helio se condensa y cae hacia el centro del planeta. Este fenómeno libera energía, que es 2 a 3 veces superior a la que recibe del Sol. Aún así, su temperatura superficial no pasa de los -170 °C. Al tener menor masa que Júpiter, su campo magnético también es menor. Presenta un sistema de anillos compuestos por hielo; de ahí que se vean a grandes distancias. Posee una treintena de satélites.

Urano

Su órbita es retrógada. Su atmósfera presenta un color azul-verdoso característico, debido a la gran cantidad de metano. Su composición es de una mezcla, más o menos homogénea, de metano, hidrógeno y helio, que adquiere un ligero bandeado latitudinal. La temperatura de las nubes es de unos -200°C y su densidad de 1,19 g/cm^3. Tiene 15 satélites

Neptuno

Se trata del octavo y último planeta del Sistema Solar. Es algo más grande y denso que Neptuno. Tiene ocho satélites.

3.3. Otros cuerpos celestes

Luna

Se trata del único satélite que posee la Tierra. Orbita alrededor de la Tierra a una distancia media de 384.392 Km. y es responsable de las mareas que se producen dos veces al día sobre los océanos de la Tierra. Su rotación se dice que es sincrónica, es decir, que dura tanto como su traslación (unos 28 días). Por esta razón, siempre vemos la misma cara de la Luna desde la Tierra.

Asteroides

Se trata de cuerpos planetarios de pequeño tamaño situados entre las órbitas de Marte y Júpiter, formando el **Cinturón de Asteroides**. En términos generales, presentan órbitas más excéntricas e inclinadas que el resto de planetas. El mayor de ellos es Ceres, con un diámetro de 1.020 Km, aunque existen de todos los tamaños. Las colisiones son frecuentes entres ellos.

Es probable que la influencia gravitacional de Júpiter junto con la del Sol haya impedido la formación de un planeta en la órbita ocupada por el cinturón de asteroides.

Los asteroides pueden dar lugar a meteoritos. La composición de los meteoritos puede ser de tres tipos:

- – **Sideritos**: están compuestos de hierro y níquel.
- – **Litometeoritos**: compuestos por silicatos.
- – **Siderolitos**: tienen una composición intermedia entre los anteriores.

Planetas enanos

Este nuevo término ha sido creado por la UAI (Unión Astronómica Internacional) en 2006 para definir a cuerpos celestes diferentes a los planetas.

Según esta definición, un planeta enano presentaría estas cuatro características:

- Está en órbita alrededor del Sol.

- Tiene suficiente gravedad como para adoptar una forma casi esférica.

- No es un satélite de otro planeta.

- No han limpiado los alrededores de su órbita de otros cuerpo más pequeños mediante colisiones, capturas o interferencias en su órbita.

Ésta última característica es la que los diferencia de los planetas y sugiere, además, un origen distinto.

A este grupo pertenecen Plutón (antiguo planeta del Sistema Solar), Ceres (antiguo asteroide del Cinturón de Asteroides) y Eris (conocido de manera informal como Xena). Otros planetas que podrían estar dentro de este grupo son Sedna, Caronte, Orcus y otros cuantos más.

Cometas

Se trata de cuerpos celestes de pequeño tamaño que describen, la mayoría de ellos, órbitas elípticas de gran excentricidad. Este hecho hace que se acerquen al Sol una vez cada mucho tiempo.

Se han observado alrededor de 1.000 cometas diferentes. Los de periodo más corto son de unos 3 años, y son poco activos (desaparecen pronto). El famoso **cometa Halley** tiene un periodo intermedio de unos 76 años.

4. ÚLTIMAS APORTACIONES DE LA CIENCIA EN ESTE CAMPO

Hoy día conocemos muchísimas cosas sobre el Universo, nuestro sistema solar y nuestro planeta mismo, pero aún nos quedan por saber muchísimas más. En los últimos años, la ciencia está avanzando a pasos de gigante en este tema, los avances que se hacen son inmensos, continuamente se hacen descubrimientos que cambian el rumbo de estudio, nuevas tecnologías que nos permiten ir aún más lejos...

Son muchísimas las aportaciones que la ciencia realiza en este campo, las cuales darían mucho de qué hablar. Hablaremos, a continuación, de algunas de las más relevantes.

La Unión Astronómica Internacional es una agrupación de las diferentes sociedades astronómicas nacionales y constituye el órgano de decisión internacional en el campo de las definiciones de nombres de planetas y otros objetos celestes. Recientemente, en 2006, ha redefinido el concepto de planeta, como hemos comentado anteriormente, de manera que Plutón ha dejado de ser un planeta para convertirse en un planetoide, junto con algunos asteroides como Ceres y otros cuerpos celestes como Eris.

Respecto a las misiones espaciales, cabe destacar la gran frecuencia en que estas se realizan, principalmente por la NASA y la ESA. Marte es un planeta que está en el ojo del cañón. A él han sido enviadas varias sondas como la Mars Express en 2003, que descubrió dos años después un mar helado bajo el planeta. En 2004, la sonda Cassini-Huygens estuvo estudiando Titán, una luna de Saturno. Otras sonde de mucho interés fue Galileo, que desde 1980 hasta 2003 estuvo estudiando planetas como Venus, diversos asteroides, Júpiter y algunos de sus satélites.

Con todas estas misiones al espacio exterior, junto con los potentes telescopios situados tanto en la superficie terrestre como sobre satélites, podemos llegar a comprender un poco mejor cómo están formados y cómo funcionan los elementos del universo.

Constantemente, se está impulsando la salida al espacio, ya sea para realizar nuevas exploraciones, descubrir nuevas formas de vida, explotar minerales en otros planetas, incluso se está hablando hoy día de la industria del turismo espacial.

5. CONCLUSIÓN

Desde siempre, el hombre se ha preguntado sobre el origen de la Tierra y del Universo. Hoy día conocemos muchas cosas y muchos procesos que antes ni siquiera imaginábamos. Así, tenemos actualmente un conocimiento muy amplio de cómo están organizados y cómo se pudieron originar los diferentes elementos de nuestro sistema solar y, en general, de todo el Universo.

Nuestro afán de descubrimiento y nuestra capacidad de invención nos procuran día a día nuevas curiosidades, nuevos descubrimientos que nos hacen avanzar en este universo de conocimiento.

Bibliografía útil:

ANGUITA, F. (1988) "Origen e historia de la Tierra".

AMORÓS, J.L. (1991) "Geología". Ed. Anaya.

LILLO, J. y otros (1979) "Geología". Ed. Ecir.

MELÉNDEZ, B. y otros. (2001) "Geología". Ed. Paraninfo.

STRAHLER, A. (1997) "Geología Física". Ed. Omega.

www.es.wikipedia.org; en esta enciclopedia se pueden ampliar diversos aspectos de este tema y resulta, además, muy útil para consultar términos

TEMA 2

0. INTRODUCCIÓN

Este tema nos sumerge de lleno en el estudio del planeta donde vivimos. Es resultado, por así decirlo, de la gran curiosidad que ha tenido el hombre por descubrir el entorno donde vive y, más aún, cuando este le resulta tan inaccesible y misterioso como es el interior de la Tierra.

En primer lugar, veremos de qué métodos disponemos para conocer el interior de Tierra, los cuales nos darán datos tanto de su estructura como de su composición. Éstos pueden ser tanto directos como indirectos. Por otra parte, estudiaremos cómo partir de estos datos podemos elaborar modelos tanto de la estructura interna del planeta, como de su dinámica.

Son muchos los aspectos que podríamos tratar sobre este tema, pero nos ceñiremos en los más comunes e importantes. Intentaremos resumirlos en los apartados que siguen

1. MÉTODOS DE ESTUDIO DEL INTERIOR DE LA TIERRA.

Hoy día las observaciones directas del interior de la Tierra se limitan a apenas los 13 primeros kilómetros de la superficie de los más de 6000 km existentes. Este tipo de estudios se realizan por medio de sondeos, pozos de investigación y minas, y se conocen como **métodos indirectos**. Por estos motivos se necesitan otros métodos para conocer las profundidades de nuestro planeta; son los **métodos indirectos** o geofísicos. Éstos nos permiten determinar la estructura y composición química de la Tierra. Cada método nos proporcionará unos datos característicos y nos revelará unos matices del interior de nuestro planeta.

Algunos datos interesantes:

La mina de explotación más profunda tiene más de 3 km.

Las perforaciones petrolíferas pueden llegar a los 6 km.

Existen pozos de investigación

1.1. Métodos sísmicos

Los métodos sísmicos se basan en el estudio del comportamiento de las ondas sísmicas por el interior de la Tierra, producidas por seísmos naturales o bien provocadas artificialmente.

Las ondas sísmicas tienen capacidad de **reflexión** y **refracción** (como las ondas luminosas), con una velocidad y dirección de propagación que dependerán de las propiedades de las rocas, es decir, de su composición, estructura, estado, etc.

Cuando se aplica una fuerza compresiva a un sólido, sus partículas se acercan unas a otras y comunican esta fuerza en forma de movimiento, transmitiéndola a las partículas adyacentes, que de este modo oscilan y propagan la perturbación de modo continuo. Conforme avanza, la onda se atenúa, es decir, pierde amplitud. La velocidad, no obstante, aumenta cuando aumenta la compactación del medio o la densidad de éste.

Por otra parte, la trayectoria del frente de onda es siempre rectilínea, salvo que en el medio atravesado se produzcan cambios en la composición y/o estructura, lo que hará variar la velocidad de propagación y la dirección, produciéndose las consiguientes reflexiones y refracciones de la onda, que dependerán del ángulo de incidencia y la relación entre los índices de refracción en ambos medios.

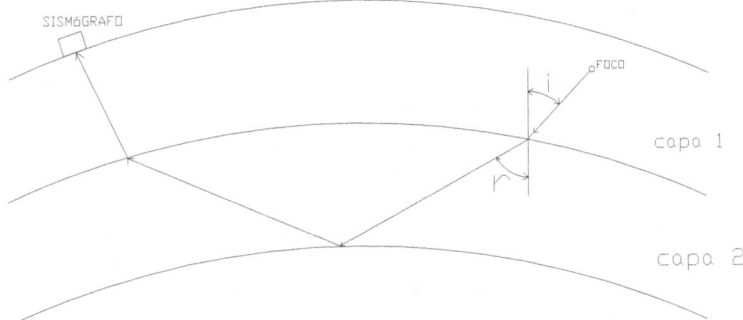

En ondas sísmicas se pueden definir **rayos**, que se pueden definir como líneas perpendiculares a los frentes de onda que se propagan según la **ley de Snell**:

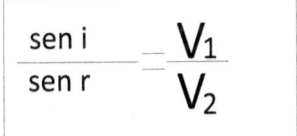

$$\frac{\text{sen } i}{\text{sen } r} = \frac{V_1}{V_2}$$

Donde:
i: ángulo de incidencia
r: ángulo de refracción
V_1: velocidad en la capa 1
V_2: velocidad en la capa 2

De esta fórmula se deduce lo siguiente: en las primeras capas la velocidad de las ondas aumenta con la profundidad, con lo que los rayos sísmicos se curvarán hasta reflejarse y volver a la superficie.

En términos generales, podemos agrupar las ondas sísmicas en tres tipos básicos:

- **Ondas P**. También llamadas primarias, longitudinales o de compresión. Son las primeras en llegar a los detectores de ondas, **sismógrafos**, desde el foco emisor. Son las más rápidas porque deforman el material en la misma dirección que su movimiento. Pueden viajar por sólidos y líquidos. Su velocidad se expresa mediante la fórmula:

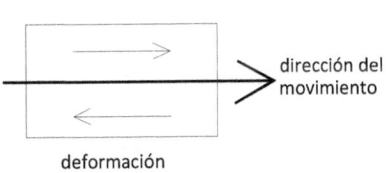

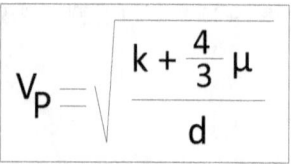

$$V_P = \sqrt{\dfrac{k + \dfrac{4}{3}\,\mu}{d}}$$

Donde:
k: módulo de incompresibilidad
μ: coeficiente de rigidez
d: densidad

De la fórmula se desprende:
- Cuando aumenta la densidad la velocidad disminuye.
- La velocidad es proporcional a la rigidez del medio.
- Las ondas P pueden atravesar los fluidos donde la rigidez es nula.

- **Ondas S**. Se conocen como ondas secundarias, transversales o de cizallamiento. Son las segundas en detectarse en los sismógrafos. Se propagan más lentamente que las P ya que deforman el material transversalmente. No pueden viajar a través de fluidos.

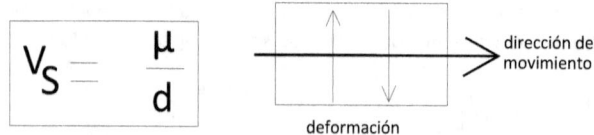

$$V_S = \dfrac{\mu}{d}$$

dirección del movimiento

deformación

- **Ondas L**. Ondas largas o superficiales. Son las últimas en llegar a los sismógrafos pues son las más lentas. Su desplazamiento se restringe a la parte superficial de la corteza por lo que se hacen poco interesantes para el estudio del interior terrestre, a pesar de ser las más destructivas. Producen una deformación compleja que se puede dividir en dos componentes:

  - Rayleigh: se mueven en forma circular.

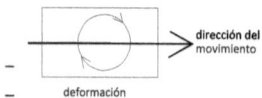

dirección del movimiento

deformación

-
-
-
  - Love: se mueven de forma oblicua.

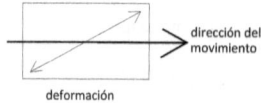

dirección del movimiento

deformación

4

En la siguiente gráfica se muestra el tiempo que tardan en recorrer una distancia los diferentes tipos de ondas.

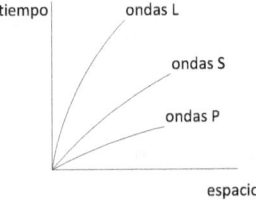

Al estudiar la velocidad y comportamiento de las ondas P y S por el interior de la Tierra, se vio que la velocidad sufría variaciones bruscas en ciertas zonas que recibieron el nombre de **discontinuidades sísmicas**. Estas discontinuidades separan capas de la Tierra con diferentes propiedades (densidad, composición, estado físico…). Las dos más importantes son:

- **Discontinuidad de Mohorovicic (Moho).** Fue descubierta por el sismólogo croata Andrija Mohorovicic en 1909. Separa la parte superficial de la Tierra –la corteza- de la parte media –manto. La encontramos a una profundidad de 10 a 40 km, dependiendo si estamos en el océano o en el continente, estando en este último a más profundidad. La nitidez de esta discontinuidad disminuye en zonas dinámicas de la corteza (bordes de placas básicamente), donde puede llegar a encontrarse a 1 km de profundidad.

  Por regla general, la velocidad de las ondas aumenta con la profundidad, pues aumenta la compresión y rigidez de las rocas –como hemos podido ver en las fórmulas. No obstante, este aumento no es constante. Entre los 100 y 1000 km de profundidad, la velocidad no aumenta de forma constante, sino que se producen diferentes aceleraciones y desaceleraciones. Por ejemplo, entre 75 y 250 km hay que destacar una bajada de la velocidad de las ondas S que vuelve a recuperara sobre los 670 km. Esta zona se conoce como **canal de baja velocidad**, y el punto donde acaba se utiliza para dividir el manto en dos partes: superior e inferior. Esta se conoce como **discontinuidad de Repetti**.

- **Discontinuidad de Gutenberg.** Descubierta en 1914 por el alemán Beno Gutenberg. Se encuentra a unos 2900 km de profundidad y es la más nítida e importante de todas. También se conoce como **LNM** o **Límite Núcleo-Manto**, pues separa el manto inferior (en estado sólido) del núcleo externo (fundido), y cuya incompresibilidad permite el paso de las ondas P pero no el de las S, por lo que éstas se pierden aquí. Un estudio más detallado de la zona revela una primera inestabilización de la velocidad entre los 2700 y los 2900 km, conoccida como **nivel D**; se cree que puede ser una zona de mezcla de materiales entre el manto inferior y el núcleo externo fundido.

Entre los 5000 y 5200 km se produce un rápido aumento de la velocidad de las ondas P. Se trata de la **discontinuidad de Lehman-Wiechert**, y se interpreta como un aumento de la rigidez de los materiales del núcleo, distinguiéndose así un núcleo fundido externo y otro sólido interno. Aquí es posible que se produzca una mezcla de fases sólida y fundida.

1.2. Métodos magnéticos

Otro medio para obtener datos indirectos del interior de la Tierra son los métodos magnéticos. Así pues, a partir de la medición del campo magnético terrestre se pueden realizar **mapas geomagnéticos**. Estas medidas se toman con **magnetómetros** y permiten detectar **anomalías magnéticas** que indican, entre otras cosas, la presencia de minerales magnéticos en profundidad.

Por otra parte, sabemos que la Tierra se comporta como un enorme electroimán. Las corrientes eléctricas que lo sostienen son mantenidas por dinamos: la rápida rotación del planeta induce el movimiento de los fluidos en el núcleo externo haciendo que éste se comporte como una enorme dinamo y que origine el campo magnético que detectamos. Es como si la Tierra tuviese una enorme barra magnética alineada casi paralelamente al eje de rotación.

El campo magnético de la Tierra se comporta como una especie de dipolo eléctrico, habiendo dos puntos en toda la superficie del planeta donde las líneas de fuerza son verticales, los polos magnéticos, los cuales están separados de los polos geográficos un cierto ángulo –conocido como **declinación magnética**- que varía de unos lugares a otros. La intensidad de este campo es de 0,6 gauss en los polos y 0,3 en el ecuador magnético. Otra característica del campo magnético terrestre es que es vectorial, con una **magnitud** y una **dirección** que caracterizan cada punto.

El campo magnético también varía con el tiempo, pudiéndose producir una inversión del sentido del campo en un tiempo relativamente corto (unos pocos miles de años), de manera que el polo norte magnético aparece cerca del polo sur geográfico. Esto es, en parte, consecuencia de la inestabilidad que caracteriza a los líquidos. Actualmente, que su frecuencia de cambio viene determinada por el espesor del nivel D de la base del manto.

Una aplicación del fenómeno de las inversiones la encontramos en el **paleomagnetismo**, una interesante ciencia que se basa en el estudio del magnetismo remanente en las rocas antiguas de la corteza, principalmente de los fondos oceánicos. Éste se genera cuando determinados minerales magnéticos (magnetita, hematites, ilmenita, pirrotina) se

calientan por encima de una determinada temperatura –conocida como *punto de Curie*- transformando en para magnéticas las rocas donde se encuentran. Al enfriarse, los minerales de la roca se imantan en dirección del campo existente en aquel momento. Esto se conoce como **magnetismo termorremanente**.

Para que el estudio de las rocas sea eficaz, éstas han de conservar su dirección original de magnetización, aún se es desplazada como es el caso de las rocas de la corteza oceánica.

1.3. Métodos gravimétricos

Los métodos gravimétricos se basan en el estudio del campo gravitatorio terrestre. Éste se expresa por medio de una fuerza que origina, en la superficie terrestre, una aceleración media de 9,78 m/s^2, que llamamos **gravedad** (g). Se ha de tener en cuenta, no obstante, que este valor varía según la *latitud* y la *altura*. La fuerza del campo gravitatorio terrestre se puede expresar como:

A partir de esta fórmula se puede deducir que la gravedad, la aceleración media, depende de la densidad del planeta y del radio terrestre. Este último, a su vez, varía con la latitud -a mayor latitud menor radio- y con la altitud –a mayor altitud mayor radio.

Al comparar el valor teórico de la gravedad para cada punto concreto con el valor real registrado, se ve que presentan diferencias significativas. Estas diferencias se conocen como **anomalías gravimétricas**, las cuales son negativas en las cadenas montañosas y positivas en los océanos. A partir de estos datos se pensó en la existencia de una heterogeneidad interna de la Tierra, en la que la densidad de las cadenas montañosas era menor de la esperada y la de los océanos mayor. Con estos datos resulta útil elaborar los llamados **mapas de isoanomalías**.

Por otra parte y al igual que pasa con los datos de aceleración gravitatoria a un nivel teórico, podemos obtener un campo gravitatorio que define una forma elipsoidal del planeta llamado **geoide**, con coincide con la superficie media del mar.

Todos los puntos de la Tierra, definidos por la topografía de la corteza, tienden a igualar su campo gravitatorio al del geoide. A esta tendencia al equilibrio gravitatorio se le conoce como **isostasia**. No obstante, el equilibrio isostático no se alcanza por:

- La rigidez de la corteza impide el flujo de materiales.

- La dinámica terrestre produce continuos desequilibrios isostáticos.

1.4. Estudios de densidades

A partir de cálculos matemáticos se ha llegado a saber cuál es la densidad de la Tierra:

Mientras que la densidad media de la Tierra es de 5,52 g/cm^3, la de las rocas de la superficie oscila entre 2,8 y 3 g/cm^3, lo que sugiere que el interior del planeta es más denso. Esto sería debido a que, durante la formación del planeta, los materiales se dispusieron por densidades mediante la **diferenciación gravitatoria**, quedando los más densos en el interior y los más ligeros en la parte superficial.

1.5. Estudios de meteoritos

Los meteoritos son fragmentos de roca de origen extraterrestre que han impactado contra la superficie del planeta. Algunos han conservado las huellas del origen del Sistema Solar, pues no han generado suficiente calor como para fundirse.

Estudiando su composición podemos conocer la estructura de otros planetas y asimilarla a la de la Tierra. Hay tres tipos principales de meteoritos atendiendo a su composición.

- **Sideritos**. Suponen aproximadamente el 4% de los meteoritos. Están compuesto por hierro y níquel y, según algunos autores, tendrían una composición similar a la del núcleo terrestre.

- **Litometeoritos.** De este tipo son la mayoría de meteoritos que impactan sobre la Tierra (aprox. el 95%). Están constituidos básicamente de silicatos y tienen una composición similar a la de la corteza.

- **Siderolitos.** Son de este tipo alrededor del 1% de los meteoritos y son una mezcla de los dos anteriores. Su composición es similar a la del manto terrestre.

1.6. Estudios geotérmicos

Este método se basa en el estudio del calor desprendido por la Tierra. La producción media de calor por la Tierra es aproximadamente de 1,5 HFU (Unidades de Flujo Térmico), que equivalen a $1,5 \times 10^{-6}$ cal/cm^2·s, y este calor puede ser tanto de origen radiactivo como primordial. No obstante, la emisión térmica de la Tierra se distribuye de forma muy irregular: existen **zonas frías**, como las fosas oceánicas, y **zonas calientes**, como las dorsales.

Se está más o menos de acuerdo en que gran parte de esta energía que se produce en el interior de la Tierra se convierte en energía mecánica mediante flujos convectivos de material en el manto.

1.7. Estudios de volcanes

El material expulsado por los volcanes puede ser de interés para conocer el interior terrestre. Así, los volcanes expulsan materiales que pueden llegar a provenir de la corteza profunda y del manto. El estudio directo de estos materiales puede ser muy útil para conocer, entre otras propiedades, la composición química que tienen las rocas a estas profundidades.

1.8. Estudios experimentales

Los estudios experimentales en laboratorio pueden ser de interés para un estudio de determinadas características de las rocas. Por ejemplo, los **yunques de diamante** permiten simular condiciones de presión y temperatura existentes en las zonas profundas del manto.

2. ESTRUCTURA Y COMPOSICIÓN DEL INTERIOR DE LA TIERRA

A partir de diferentes datos experimentales se puede llegar a reconstruir la estructura y composición del interior terrestre. La interpretación del movimiento de las ondas sísmicas por el interior de la Tierra, así como de las anomalías gravimétricas, permiten afirmar que la Tierra no es una masa homogénea. Al contrario, existen importantes diferencias tanto en sentido vertical como horizontal, estableciéndose distintas envolturas concéntricas con la superior subdividida a su vez en múltiples comportamientos o **placas**.

Verticalmente, se puede subdividir la Tierra atendiendo a dos variables: bien por **geoquímica** de las diferentes capas, o bien por su **dinámica**. Los esquemas generales de estos dos tipos de divisiones serían:

2.1. Estructura y composición de la corteza

La corteza es la capa más superficial y delgada de todas ellas. Su espesor oscila entre los 6 km en las zonas oceánicas y los 60 en las continentales. Está limitada en su parte basal del manto por la discontinuidad de Mohorovicic (también conocida como Moho), donde aumenta rápidamente la velocidad de las ondas sísmicas P y S.

Tanto horizontal como verticalmente presenta una gran variabilidad, siendo difícil generalizar sobre ella. En términos generales, se pueden diferenciar dos unidades verticales: una **corteza superior**, donde la velocidad de las ondas es menor (5,8 – 6,4 km/s), y una **corteza interior**, con velocidades mayores de las ondas (6,5 – 7,2 km/s). Ambas capas se encuentran separadas por la no siempre detectable **discontinuidad de Conrad**.

Horizontalmente se pueden distinguir dos grandes zonas: las continentales y las oceánicas, que dan pie a diferenciar dos tipos de corteza:

- **Corteza oceánica**. Tiene una densidad media de unos 3 g/cm³ y un espesor que oscila entre 6 y 12 km. *Verticalmente* comprende tres capas o niveles:

  - Capa de sedimentos superficiales: su espesor es de unos 1300 m, siendo más gruesa en los bordes continentales, y prácticamente inexistente en los ejes dorsales.

- **Capa de basaltos submarinos**: presenta lavas almohadilladas – pillow lavas- en parte superior, y diques basálticos en la inferior.

- **Capa inferior de rocas plutónicas básicas**: presenta gabros y piroxenitas.

A nivel de las dorsales, la velocidad de las ondas S disminuye. Esto se interpreta como la presencia de una cámara magmática a poca profundidad (2 – 5 km) que surte de material volcánico a la dorsal; algunos llaman a esta zona **manto anómalo**.

Horizontalmente, forman parte de la corteza oceánica las zonas sumergidas, aunque la transición entre corteza continental y oceánica no está muy clara, pudiéndose distinguir una zona de transición de la cual formaría parte la plataforma continental, como veremos. En la corteza oceánica podemos distinguir varias estructuras:

- **Plataforma continental**: es la parte del continente que queda cubierta por el agua oceánica. Llega a una profundidad de hasta 200 m. y un pendiente bastante pequeña (1 – 2%). Resulta muy importante económicamente pues en ella se encuentran importantes recursos como hidrocarburos, caladeros de pesca, etc.

- **Talud continental**: conecta la plataforma con el fondo oceánico. A diferencia de la plataforma, tiene una fuerte inclinación (25%) y desciende hasta los 4500 m. Frecuentemente, está recorrida por valles profundos y estrechos llamados **cañones submarinos**.

- **Fosas abisales**: Son depresiones estrechas y profundas del fondo oceánico. Pueden llegar a superar los 11000 metros de profundidad, como la fosa de las Marianas en el Pacífico norte-occidental. Normalmente, se encuentran cerca de los bordes continentales o de arcos insulares y se encuentran asociadas a zonas de subducción de placas. Son sísmicamente muy activas.

- **Fondo oceánico (o abisal)**: está formado por corteza oceánica y se encuentra a una profundidad de más de 4000 metros. Es una superficie prácticamente llana, con menos de un 1% de pendiente.

- **Elevaciones del fondo oceánico**: pueden ser mesetas oceánicas (como las Islas Galápagos), dorsales asísmicas (como la del Río

Grande en el Atlántico Sur), montes submarinos, guyots (montes de cumbre plana) e islas volcánicas.

- **Dorsales oceánicas**: son sistemas de cordilleras submarinas de miles de kilómetros de longitud y que suelen estar conectadas entre sí. Su altitud media es de 1 a 2 km sobre el fondo oceánico. Poseen en la parte central –o **eje**- un profundo valle, el rift. Están recorridas transversalmente por grandes fracturas llamadas **fallas transformantes**. Son zonas de intensa actividad volcánica, sísmica y tectónica. Las más importantes son la Atlántica y la Pacífica.

– **Corteza continental**. Es de mayor espesor que la oceánica, entre 25 y 70 km, tiene una densidad menor, entre 2,7 y 3 g/cm^3 y con estructuras más complejas. Siguiendo un *eje vertical* podemos distinguir 3 niveles generales:

- Una <u>capa superior</u> formada de rocas sedimentarias o volcánicas, con intrusiones graníticas y sin metamorfosear.

- Una <u>capa intermedia</u> con rocas plutónicas intermedias-ácidas (granitos principalmente) y otras mucho más alteradas por la metamorfosis (gneises y migmatitas, entre otras).

- Una <u>capa inferior</u> de naturaleza química variable (ácidas, básicas) y que pueden ser ultrametamórficas, plutónicas, metasedimentarias, etc.

En términos generales, esta zonación vertical de la corteza continental se debe a un aumento del gradiente metamórfico con la profundidad.
Por lo que respecta a la *estructura horizontal*, podemos distinguir también 3 grandes zonas:

- <u>Escudos o cratones</u>: se trata de zonas tectónicamente muy estables, topográficamente lisas, sin capa sedimentaria y con rocas endógenas (magmáticas y metamórficas) en su superficie. Suelen ocupar las partes centrales de los continentes.

- <u>Orógenos</u>: también conocidos como **cordilleras orogénicas**; son zonas que han sufrido uno o más movimientos orogénicos importantes después del Precámbrico. Presentan una estructura engrosada y muy deformada por los esfuerzos de compresión-distensión.

- Plataformas interiores: son zonas de transición entre los escudos y los orógenos. Suelen presentar una capa sedimentaria poco o nada deformada.

Un aspecto interesante a destacar en ambas cortezas es que, mientras que en las cuencas oceánicas las rocas más antiguas se sitúan en los bordes (cerca de los continentes), en los continentes sucede lo contrario, las rocas más antiguas se suelen encontrar en el núcleo del continente. Parece como si los continentes se formaran por los bordes, mientras que los océanos lo hiciesen por el centro.

A la interfase continente-océano se le da el nombre de **corteza de transición (o transicional)**, con estructura similar a la de los continentes pero de grosor intermedio.

2.2. Estructura y composición del manto

El manto, como hemos visto, es la capa intermedia de la Tierra, que se extiende desde la discontinuidad de Moho (10-40 km) hasta la de Gutenberg (2900 km.). Representa el 83% del volumen terrestre y el 65% de su masa. Comienza con un aumento de las ondas P y S y termina con la disminución de la velocidad de las P y la desaparición de las S.

Tradicionalmente, el manto se suele dividir en 2 partes, un **manto superior** (con una densidad de 3,58 g/cm^3) y un **manto inferior** (con densidad de 5 a 6 g/cm^3). Ambo es encuentran separados por una zona de transición conocida como **discontinuidad de Repetti**, que se encuentra a unos 650-670 km de profundidad. Esta diferencia entre manto superior e inferior es posible que sólo sea física, debida a un mayor empaquetamiento de los minerales al aumentar la presión. Algunos de ellos, como la espinela y la perovskita, tienen la misma composición pero, mientras que en el manto superior predomina la espinela, en el inferior abunda la forma de perovskita, más compacta.

Al aumentar la compactación, aumenta también la rigidez y, con ella, la velocidad de las ondas sísmicas.

En el manto superior existe, superficialmente, una zona más rígida que, junto con la corteza forman la **litosfera**, de hasta 75 km de grosor. Ésta, a su vez, está subdividida en **placas litosféricas**.

Debajo de la litosfera está el **canal de baja velocidad** (entre los 75 y 250 Km de profundidad), que es una zona del manto parcialmente fundida (1-3%). Esta zona recibe el nombre de **astenosfera**.

Finalmente, encontramos el **nivel D** justo por encima del límite manto-núcleo y que tiene de 200 a 400 Km de espesor. Ésta es una zona muy activa donde se forman las plumas convectivas que darán lugar a los **puntos calientes** en la superficie terrestre.

Se sabe que el manto es convectivo, pero aún no hay mucho consenso si existen una o dos células de convección (todo el manto o bien manto superior por una parte e inferior por otra.

Respecto a la composición, se cree que el manto superior es rico en rocas ultrabásicas –peridotitas-, que están compuestas de olivino, piroxenos, espinela y granate. Esto es válido para los primeros 500 km, pero no se sabe si para el resto del manto. En el manto inferior podrían existir óxidos y sulfuros metálicos y silicatos pesados ferro-magnésicos del tipo perovskita.

2.3. Estructura y composición del núcleo

El núcleo es la capa más interna de la Tierra. Va desde la discontinuidad de Gutenberg hasta el centro terrestre, que está a 6370 km de profundidad. Presenta el 14% del volumen de la Tierra pero, en cambio, representa el 32% de su masa. Tiene un grosor aproximado de 3470 km. Por esta zona sólo pueden viajar las ondas P, pues las S ya han desaparecido a partir de la discontinuidad de Gutenberg.

Tradicionalmente, se viene distinguiendo un **núcleo externo** y un **núcleo interno**, separados por la **discontinuidad de Wiechert-Lehman**. El núcleo externo tiene una densidad de unos 10g/cm^3 y está fundido, mientras que la densidad del interno es de unos 13 g/cm^3 y se cree que está en estado sólido.

Debido a su densidad y también a la intensidad del campo magnético que existe en el planeta, se piensa que el núcleo debería estar formado por metales pesados como el hierro (70%) y el níquel (20%), y otros menos abundantes como el azufre, que junto con el níquel forma aleaciones con el hierro a altas presiones.

No está aún claro que el núcleo externo y el interno tengan la misma composición, aunque es muy probable. Si es así, la distinción entre los sería a un diferente estado de fusión de las partículas que los forman.

Actualmente, se postula que el núcleo tenga movimientos convectivos. La convección del núcleo externo sería responsable del campo magnético terrestre.

3. CONCLUSIÓN

Como hemos visto, el estudio del interior del nuestro planeta, la Tierra, es muy complejo y con resultados no siempre inmediatos. Es, por tanto, una línea de investigación que necesita del apoyo de diversas materias, que utilizan sus métodos propios y complementan sus resultados con el fin de darnos una visión general de la estructura y funcionamiento del interior de la Tierra. A esto se le llama interdisciplinariedad.

A partir de los diferentes métodos de estudio, con dados directos e indirectos, se llega a conocer lo que a simple vista es mucho más complejo de lo que parece.

Cuando vamos profundizando en su estudio, nos damos cuenta de la gran variabilidad que presenta la Tierra tanto vertical como horizontalmente y de lo costoso que se hace, a veces, descifrar sus estructuras.

Bibliografía útil:

ANGUITA, F. (1988) "Origen e historia de la Tierra". Ed. Rueda.

CATTERMOLE, P. (1995) "La Tierra y otros planetas". Ed. Debate.

ANGUITA, F. Y MORENO, F. (1991) "Procesos geológicos internos". Ed. Rueda.

MELÉNDEZ, B y otros. (2001) "Geología". Ed. Paraninfo.

STRAHLER, A. (1997) "Geología Física". Ed. Omega.

www.cnice.es; esta página web dispone de interesantes recursos sobre este tema

TEMA 3

0. INTRODUCCIÓN

El estudio de la cristalografía y de la materia mineral, en general, es de por sí un campo complejo y diverso. Esta es una de las razones de su importancia en el resto de campos de la Geología y, por ello, lo hace de gran utilidad como base del estudio del resto de materias.

Este es un tema muy amplio que contiene una terminología específica compleja así como conceptos propios que no están muy representados en el resto de campos de la Geología. Esto lo hace un poco denso a la hora de explicarlo, pero muy a la vez por la cantidad de aspectos que explicas en las propiedades macroscópicas que observamos en los minerales.

En concreto, veremos en primer lugar algunos aspectos generales sobre los minerales, como es su génesis. A continuación nos centraremos en su estructura interna y las propiedades que se derivan de ésta. Finalmente, explicaremos los métodos de estudio más importantes que se utilizan en el campo de la cristalografía y mineralogía.

Por otra parte, este es un tema muy importante dentro de la Geología, pues nos hace entender de qué forma están compuestos tanto las rocas como los minerales que conocemos macroscópicamente y que, en definitiva, forman el paisaje geológico donde vivimos y dónde se asienta la vida, en general.

1

1. GENERALIDADES SOBRE LOS MINERALES

1.1. Concepto de mineral

Un **mineral** se define como un compuesto sólido, de origen natural que tiene una composición química definida, con estructura cristalina y no es de origen orgánico.

1.2. Cristalización: condiciones y procesos

La **cristalización** es un proceso muy lento, que requiere dos factores esenciales: **tiempo** y **espacio** suficiente para que los átomos puedan ordenarse y lleguen a formar estructuras cristalinas regulares.

Los minerales pueden formarse por diversos procesos:

- A partir de un líquido. Es el proceso más común. Se producen a partir de un medio fundido como son los magmas, pero sólo en aquéllos en que se han enfriado lentamente en el interior de la corteza. También pueden producirse a partir de sales disueltas en un líquido. Cuando éste se evapora, se forman cristales por precipitación.

- A partir de un sólido. Aunque menos frecuente, los cristales también pueden formarse a partir de una roca en estado sólido. Esto es frecuente en rocas metamórficas, en las que es frecuente que se produzcan variaciones de presión y temperatura y, en estas condiciones las rocas pueden recristalizar formándose nuevas estructuras y minerales.

- A partir de un gas. Este caso no es muy común, pero puede darse en algunos casos como es en zonas volcánicas, en que la lava desprende gases a alta temperatura, que en contacto con la roca circundante, mucho más fría, se enfría y precipita los minerales que transportaba.

1.3. Génesis: ciclo geológico y formas de generación de minerales

Durante el ciclo geológico las rocas se pueden formar por sedimentación, metamorfismo o magmatismo. Por este motivo, encontraremos zonas de génesis de minerales asociadas a la formación de estos tres tipos de roca. Generalmente, serán en ambientes de la superficie terrestre o muy cercanos a ésta.

Los minerales que se forman en interior de la corteza, conocidos como **minerales endogenéticos**, estarán asociados a dos tipos de procesos:

- **Procesos magmáticos.** Pueden formarse durante las fases de enfriamiento ortomagmática, neumotolítica o hidrotermal. Dependiendo de la temperatura se irán formando un tipo de minerales u otro, empezando por los de puntos de fusión mayores y siguiendo los de puntos de fusión menores.

- **Procesos metamórficos.** Existen diversos tipos de metamorfismo: regional, de contacto, cataclástico... De cada uno de ellos se formarán un tipo singular de minerales que. En este caso, aunque muchos minerales presenten la misma composición, las diferencias de los distintos tipos de metamorfismo en cuanto a presión y temperatura, darán lugar a minerales con muchas diferencias entre ellos.

Los minerales que se forman en la superficie terrestre se conocen como **minerales exogenéticos**. Se forman, típicamente, en ambientes sedimentarios. Puede formarse de distintas maneras: bien sea por residuos de meteorización, sedimentación o bien por la acción de productos químico-orgánicos debidos a la presencia de seres vivos en la zona. Este último caso sería el del petróleo, acumulaciones de sales como los fosfatos.

2. Estructura interna de los minerales

2.1. Estructura atómica

La estructura atómica de los minerales hace referencia a la disposición interna ordenada de los átomos en un cristal.

Todos los iones tienen un **radio iónico** característico, o sea, el radio del ión, que ha sido determinado a partir de diferentes compuestos donde se halla dicho ión. En términos generales, los cationes (+) son más pequeños que los aniones (-).

Si observásemos las estructuras que forman desde un punto de vista morfológico, los aniones forman una red que deja huecos donde se insertan los cationes. Si el hueco es del tamaño del catión o menor, el compuesto será estable. Si, en cambio, el hueco es mayor, el compuesto será inestable, pues las atracciones entre cargas opuestas son más débiles.

Los átomos de los minerales están unidos entre sí por medio de enlaces. Estos pueden ser de tres tipos básicos:

- **Enlace iónico**. Se da entre metales. Éstos son elementos con electronegatividades muy diferentes. El átomo menos electronegativo cede uno o varios electrones al más electronegativo. Este enlace se da, por ejemplo, sodio y el cloro:

- **Enlace covalente**. Se da entre no metales. Dos átomos comparten uno o varios pares de electrones alcanzando la estructura estable de gas noble, con ocho electrones en la capa de valencia (regla del octeto de Lewis). Los electrones no son cedidos de un átomo a otro sino compartidos por los dos. Esto pasa, por ejemplo, en el oxígeno:

- **Enlace metálico**. Se da en metales. Los electrones se mueven de un átomo a otro libremente en forma de nube de electrones, lo que da una gran conductividad a estos elementos y un brillo metálico.

Existen también otros tipos de enlaces más débiles que los anteriores, como son las fuerzas de Van der Waals, que atraen átomos y moléculas no polares. Esto se da, por ejemplo, en el grafito, que está constituido por capas laxas de átomos de carbono.

Finalmente, cabe destacar un fenómeno curioso, el polimorfismo. Consiste en la existencia de dos minerales diferentes, que tienen la misma composición química, pero que han cristalizado bajo estructuras atómicas diferentes. Ejemplos de polimorfismo son el diamante-grafito, o la caliza-aragonito.

2.2. Redes espaciales (redes de Bravais)

Un cristal se caracteriza por presentar una ordenación tridimensional periódica de los átomos o moléculas que lo forma. Cada punto que se repite dentro del cristal se denomina **nudo**. Éstos están separados por distancias idénticas llamadas **traslaciones**.

Una **red** es una ordenación infinita de nudos en las tres dimensiones del espacio, con distancias entre nudos iguales a las traslaciones. Una red se forma cuando una serie de nudos se colocan en una recta a una distancia igual a la traslación (d) -lo que se conoce como **fila reticular**-, las cuales se sitúan unas al lado de otras a la misma distancia, d, formando un plano –llamado **plano reticular**-, los cuales se apilan infinitamente para formar las redes espaciales.

Para definir una red, basta con coger las tres traslaciones fundamentales (a, b y c) y los tres ángulos que éstas forman entre sí (□, □ y □). La celda con los valores a, b y c más pequeños y los ángulos más cercanos a 90° se llama **celda unidad**. Estos elementos forman la llamada *cruz axial*.

A pesar de la gran variedad de minerales que se conocen (más de 2.000), las redes posibles se pueden clasificar en 14 modos distintos, deducidos por Bravais en 1850, y que se conocen como **redes de Bravais**. Estas 14 redes se pueden clasificar en 7 grupos o sistemas atendiendo a las características de sus lados y sus ángulos. Éstos son:

1) **Sistema triclínico:**
   a ≠ b ≠ c   y   □ ≠ □ ≠ □

2) **Sistema monoclínico:**
   a ≠ b ≠ c   y   □ = □ = 90° ≠ □

3) **Sistema rómbico:**
   a ≠ b ≠ c   y   □ = □ = □ = 90°

4) **Sistema trigonal (romboédrico):**
   a = b = c   y   □ = □ = □ = 90° ó 120°

5) **Sitema hexagonal:**
   a = b ≠ c   y   □ = □ = 90° ≠ □ = 120° ó 60°

6) **Sistema tetragonal:**

$a = b \neq c \quad y \quad \square = \square = \square = 90°$

7) Sistema cúbico:
$a = b = c \quad y \quad \square = \square = \square = 90°$

2.3. Elementos de simetría

Los diferentes nodos de una red pueden coincidir con otros mediante diferentes operaciones de simetría, como consecuencia de la distribución regular y homogénea de la materia cristalina. Por tanto, una de las propiedades de la materia cristalina va a ser la presencia de **elementos de simetría**. Existen de diferentes tipos:

- **Centro de simetría (I)**. Transforma las coordenadas X, Y y Z de un cristal en –X, -Y y –Z, es decir, es un punto en el que se cortan las líneas imaginarias que unen a los elementos idénticos y opuestos del cristal.

- **Plano de simetría (m)**. Es un plano que divide el cristal en dos partes simétricamente iguales. Los puntos homólogos están a la misma distancia con respecto al plano. Se representa gráficamente con una línea continua.

  Un caso particular del plano de simetría es el **plano de deslizamiento (g)**, que convierte a un punto en su simétrico pero a una distancia igual a media traslación. Este plano se representa con una línea discontinua.

- **Eje de simetría**. Es una línea alrededor de la cual están dispuestos los elementos del cristal, tomando éste dos o más posiciones idénticas en un giro completo. Pueden ser de varios tipos:

  - De orden 1: transforma un punto en sí mismo mediante un giro de 360°.

  - De orden 2 ó binario: transforma un punto mediante un giro de 180°. Se representa mediante los símbolos E^2 o una elipse.

  - De orden 3 ó ternarios: transforma un punto por un giro de 120°. Se representa con E^3 o un triángulo

  - De orden 4 o cuaternarios: transforma un punto por un giro de 90°. Se representan con E^4 o un cuadrado.

  - De orden 6 o senarios: transforma un punto por giros de 60°. Se representa con E^6 o un hexágono.

Un tipo de eje especial sería el **eje helicoidal**, que es un eje de cualquier orden en el que, además del giro, interviene una traslación, por lo que realiza un movimiento helicoidal.

También están los llamados ejes de inversión, que son ejes en los que, además del giro, se produce una inversión a través de un plano de simetría.

Hasta ahora, hemos considerado que unidades estructurales que se repiten, y que hemos llamado nudos, son puntos. Pero en el cristal real no son puntos, sino *átomos* o *moléculas*. Al analizar las simetrías de los nudos, obtenemos 10 clases de simetría en el plano y 32 en el espacio.

2.4. Formas externas de un cristal

Las formas de los cristales reciben nombres especiales, denominándolos condicho nombre seguido del sistema cristalino al que pertenecen. Estas formas son:

Formas abiertas

- **Pedión**: tienen una sola cara.

- **Pinacoide**: tienen dos caras opuestas con un centro de simetría.

- **Domo**: dos caras con un plano de simetría.

- **Esfenoide**: dos caras con eje de simetría binario.

- **Prisma abierto**: tres caras paralelas a un eje.

- **Pirámide abierta**: tres caras que cortan un eje.

Formas cerradas

Estas formas sirven para designar las figuras. La mayoría pertenecen al sistema cúbico, como son el cubo, el octaedro, el romboedro... Además de éstas, existen formas mixtas como pueden ser:

- **Prisma**: es un prima abierto más un pinacoide que lo cierra.

- **Pirámide**: es una pirámide abierta más un pedión.

- **Bipirámide**: son dos pirámides abiertas que cierra una a la otra.

<u>Agregados cristalinos</u>

De forma natural, los cristales no se hallan aislados sino, más bien, formando agregados. Si todos los cristales que forman un agregado son iguales, se dice que es un **agregado homogéneo**; si, en cambio, el agregado está formado por cristales de distinto tipo, se formará un **agregado heterogéneo**. Los agregados homogéneos pueden adoptar formas especiales como las que siguen a continuación:

- **Agregados uniáxicos o paralelos**: son asociaciones paralelas de cristales formando un haz fibroso o laminar. Se llaman **geodas** cuando los cristales crecen en una superficie cóncava, y **drusas** cuando lo hacen en una superficie convexa.

- **Maclas**: es la unión de dos cristales iguales. Pueden ser de dos tipos:

  • <u>Maclas de contacto</u>: los dos cristales están separados por una superficie plana. Este es el caso del yeso en punta de flecha.

  • <u>Maclas de compenetración</u>: se producen cuando uno de los cristales gira sobre el eje de la macla. Por ejemplo, esto sucede en la cruz de la estaurolita.

- **Agregados triáxicos**: es la u unión de diversos cristales adoptando, frecuentemente, formas arborescentes entrelazadas. Es el caso de las **dendritas**, como las formadas por la pirolusita.

2.5. Química cristalina

En la formación de un cristal van a influir, además de la composición, otros factores como la presión, la temperatura, el espacio o el tiempo en el que se formó el cristal. Así por ejemplo, un aumento en la presión disminuye la distancia entre átomos, y lo contrario ocurre cuando la temperatura es alta.

No obstante, la composición química, y en consecuencia el tamaño de los átomos o iones que integran la estructura del cristal, va a ser fundamental en su organización tridimensional.

En una red cristalina, un átomo está rodeado por otros. Al número de átomos que lo rodean se le llama **número de coordinación**. A la forma geométrica resultante de las posiciones espaciales de estos átomos se le llama **poliedro de coordinación**.

Un poliedro de coordinación será estable cuando se den las siguientes circunstancias:

– Los cationes y los aniones se hallen tangentes entre ellos.

– La distancia entre los centros de los aniones no sea menor que su diámetro.

Cada catión tienda a rodearse por el mayor número de aniones posible. Por eso, cuando la diferencia entre el tamaño del catión y el del anión disminuye, el número de coordinación aumenta. Esto es equivalente a decir que cuanto más grande es el catión (con respecto al anión), mayor será su número de coordinación.

Según la relación entre el radio del catión y el radio del anión (r/R), pueden darse diferentes tipos de coordinación catiónica, relacionados en la siguiente tabla.

r/R	TIPO DE COORDINACIÓN	N° DE COORDINACIÓN
0 – 0.155	lineal	2
0.155 – 0.225	triangular	3
0.225 – 0.414	tetraédrica	4
0.414 – 0.732	octoédrica	6
0.732 – 0.999	cúbica	8
1		12

No obstante estos principios generales, la estructura del cristal puede verse alterada por la carga de los iones.

En el caso de que los átomos que se unen sean iguales (como en el diamante), se producen un tipo de empaquetamiento más compacto con número de coordinación 12.

2.6. Defectos en la estructura cristalina

Hasta ahora hemos visto los casos teóricos que se pueden dar en la estructura de un cristal. En la práctica, un cristal se ha formado a partir de miles de millones de átomos que se han tenido que colocar en su sitio. Además, es probable que durante este acoplamiento hayan cambiado las condiciones de presión y temperatura, razón por la cual se producirán distorsiones en la estructura cristalina resultante. Estos defectos o imperfecciones pueden ser de dos tipos:

- **Defectos puntuales**: se deben a la existencia de huecos intersticiales, o bien de átomos intercalados.

- **Defectos lineales**: se da cuando la disposición de los átomos se desvía linealmente. Suelen aparecer durante el crecimiento de los cristales. Se producen **dislocaciones**, que pueden ser de dos tipos:

  • Marginales: se generan por deslizamiento de la estructura cristalina solamente en una línea.

  • Helicoidales: se dan cuando afecta a varias líneas que desplazan su punto de unión una fila.

3. PROPIEDADES DE LA MATERIA CRISTALINA

En este apartado vernos las propiedades que caracterizan a la materia cristalina. Las veremos desde dos puntos de vista clásicos: las propiedades químicas y estructurales, por un lado, y las propiedades físicas por otro.

3.1. Propiedades químico-estructurales

Este tipo de propiedades hacen referencia tanto a la composición química de la materia cristalina, como a su estructura resultante en el espacio. Veremos dos tipos esenciales.

- **Isomorfismo**. Las sustancias isomorfas son aquéllas que, aún teniendo una composición química diferente, generan estructuras similares, tanto en tamaño como en geometría. Este es el caso, a modo de ejemplo, de la calcita y la siderita.

-

En ocasiones se habla de **series isomorfas**. Éstas son soluciones sólidas en las que un elemento puede ir siendo progresivamente sustituido por otro de similar diámetro sin que se modifique la red cristalina. Un ejemplo de ello es la serie isomorfa de la albita (Si_3O_8AlNa) – anortita (Si_3O_8AlCa) en la que se sustituye sodio por calcio.

Según la carga de los iones que se sustituyan, el isomorfismo puede ser:

- Isovalente: los dos iones tienen la misma carga.

- Heterovalente: los iones que se sustituyen son de diferente carga.

Finalmente, para que se dé isomorfismo, es importante que la composición eléctrica de los elementos sustituidos sea similar. Existe, no obstante, una regla conocida como *regla de la polaridad*, que dice que es más difícil la entrada de un ión de menor radio y mayor carga, que otro de mayor radio y menor carga.

- **Polimorfismo**. Es el caso contrapuesto al anterior, y se da cuando una sustancia con una determinada composición química puede presentar estructuras diferentes dependiendo las condiciones de cristalización. Si puede adoptar dos formas diferentes, se llamará *dimorfa*, como es el caso de la calcita y el aragonito; si puede adoptar tres, *trimorfa*, como en al distena – andalucita – sillimanita. También hay casos en que pueden adoptar más de tres formas diferentes, como en algunos minerales con sílice.

11

La presión y la temperatura son los causantes de este cambio de estructura pues intervienen en la ordenación de los átomos.

3.2. Propiedades físicas

Las propiedades físicas se refieren a las características externas que presentan los cristales. Son muy útiles en la clasificación de minerales y, en muchas ocasiones, un reflejo de su composición química y estructura interna. Destacamos, a continuación, las más importantes.

1) **Elasticidad**. Es la capacidad que tiene un mineral de recuperar su forma original al cesar las fuerzas que lo han deformado. Este es el caso de las micas.

2) **Exfoliación**. Es la capacidad de romperse según planos cristalográficos determinados. Esta propiedad se puede ver en las micas, la galena, calcita. La exfoliación puede ser *perfecta* o *imperfecta*.

3) **Fractura**. Se produce cuando un mineral que no presenta exfoliación se rompe. Esto lo hace por *superficies de fractura*. La fractura puede ser concoidea, escalonada, irregular, etc.

4) **Dureza**. Es la resistencia que tiene un mineral a ser rayado. Es una de las propiedades diagnósticas más importantes de los minerales. Se mide con *esclerómetros*. Esta propiedad depende directamente del tipo de enlace que presente el mineral y de su estructura cristalina. Comúnmente, la dureza se suele medir con la **escalar de Mohs**, que no es proporcional. Esta escala tiene una serie de minerales tipo que se utilizan como referencia de dureza, que van de dureza 1 (más blando), a dureza 10 (más duro). Veámosla a continuación.

DUREZA en la escala de MOHS	MINERAL TIPO	REFERENCIA
1	Talco	Se rayan con la uña
2	Yeso	
3	Calcita	Se rayan con una navaja
4	Fluorita	
5	Apatito	Se rayan con una lima
6	Ortosa	
7	Cuarzo	Rayan el vidrio
8	Topacio	
9	Corindón	
10	Diamante	

5) **Color**. El color de un mineral dependerá del tipo de longitud de onda que absorba. Las impurezas pueden variar el color original de un mineral.

6) **Color de la raya**. Es el color que tiene el mineral cuando es rayado. En muchas ocasiones, es diferente del color del mineral. De manera ideal, se mira sobre una superficie de porcelana blanca.

7) **Brillo**. El brillo depende de la reflexión de la luz en su superficie. Es una relación directa entre la intensidad de luz reflejada en proporción a la intensidad de la luz incidente. El brillo de un mineral puede ser: vítreo, adamantino, metálico, graso o céreo, sedoso, nacarado, resinoso... Resulta una importante propiedad diagnóstica.

8) **Transparencia**. Esta propiedad depende de la cantidad de luz que el mineral deje pasar. Varía según las impurezas. Los minerales pueden ser *transparentes* (dejan pasar la luz y la imagen), *translúcidos* (dejan pasar la luz pero no la imagen) u *opacos* (no dejan pasar ni la luz ni la imagen).

9) **Birrefringencia**. Esta propiedad se conoce también como *doble refracción*. Resulta del hecho de que un rayo de luz que atraviesa un mineral se bifurca en dos. Es importante para diagnosticar algunos minerales bajo luz polarizada, pues a simple vista no suele ser frecuente detectarla (no ocurre esto en el *espato de Islandia*, en que esta propiedad resalta a simple vista).

10) **Luminiscencia**. Algunos minerales pueden emitir luz cuando reciben una radiación. Si esta se produce al calentar el mineral, se llama entonces **termoluminiscencia**; si es por la exposición a un campo magnético, **electroluminiscencia**.

11) **Propiedades magnéticas**. Estas propiedades dependen del número de electrones no apareados que haya y de su momento magnético. Existen tres categorías:

- Minerales paramagnéticos: son minerales moderadamente magnéticos; son atraídos por un campo de estas características. Este es el caso de la hematites, cromita y la siderita.

- Minerales diamagnéticos: se trata de minerales que son repelidos por un campo magnético. Aquí estaría el cuarzo, calcita y el grafito, por nombrar algunos ejemplos.

- Minerales ferromagnéticos: son minerales que ha conservado la imantación una vez han sido retirados del campo magnético. No son frecuentes. Son fácilmente detectables porque atraen a un imán. Un mineral típico de este grupo sería la magnetita.

12) **Propiedades eléctricas**. Algunos minerales, al ser calentados (piroelectricidad) o bien al ser sometidos a esfuerzos mecánicos (piezoelectricidad), pueden emitir algún tipo de cargas eléctricas. Este sería el caso de la turmalina (primer caso) y del cuarzo (segundo).

13) **Propiedades térmicas**. Algunos minerales cambian su comportamiento esperado al ser calentados. Unos, ante el calentamiento, pueden llegar a sublimarse; esto pasa en el cinabrio, el rejalgar o el grafito.

Relacionados con esta propiedad, está el **punto de fusión**, que varía de unos minerales a otros y que depende de las impurezas que tengan, el **coeficiente de expansión** y la **capacidad térmica**. Todos ellos son valores característicos de cada compuesto mineral.

14) **Peso específico**. Se trata de la *densidad* de un mineral, o sea, la cantidad de masa por unidad de volumen. La densidad depende de la composición química del mineral y del grado de empaquetamiento de sus átomos. Según esta propiedad distinguimos tres tipos de minerales:

- Ligeros: tienen una densidad menor de 3 g/cm^3.
- Medios: su densidad está comprendida entre 3 y 4 g/cm^3.
- Pesados: su densidad supera los 4 g/cm^3.

4. Métodos de estudio

4.1. Obtención del material

Para estudiar un mineral necesitamos primero hacernos con él. El trabajo de campo es muy importante para obtener una buena muestra mineral. Para esto es importante tener a mano una lupa, material para rayar, una placa de porcelana y una libreta para anotar las observaciones, entre los utensilios básicos. Cada muestra debe llevar una etiqueta con el número de muestra, lugar de recogida, fecha, recolector, etc.

Una vez en el laboratorio se debe obtener el material puro, en diferentes tamaños y cantidades según el método a utilizar. Se puede triturar, lavar, tamizar, utilizar métodos magnéticos o eléctricos, gravedad y otros instrumentos como la lupa binocular, el microscopio petrográfico y un largo etcétera que dependerá del objetivo de nuestra investigación.

4.2. Determinación de la composición química

Para determinar la composición química de un mineral se utilizan **métodos de análisis químico**. Estos métodos necesitan material puro. Su estudio puede ser por *vía seca*, mediante calor y estudiando los gases desprendidos, o bien por *vía húmeda*, utilizando reactivos para conocer las características de la muestra. A continuación expondremos algunos de los métodos más utilizados.

- **Análisis espectral de emisión**. Este método consiste en quemar el material en un arco voltaico de corriente alterna o continua. La muestra se evapora produciendo una emisión que se registra en un espectrograma. Se trata de un método rápido y económico, que permite una determinación cuantitativa de la composición.

- **Fotometría de llama**. Es un método similar al anterior, pero utiliza la llama de un soplete como fuente de energía.

- **Análisis radiométrico espectral**. La muestra se somete a un haz eléctrico de alta energía, apareciendo así una radicación secundaria típica de cada elemento. Mediante este método se pueden captar concentraciones ínfimas de elementos.

- **Métodos radiométricos**. Estos métodos tienen como objetivo determinar los elementos radiactivos de una muestra.

- **Espectrometría de masa**. Mide el contenido de isótopos de una muestra. Éstos nos darán una idea de la edad y las condiciones de formación del mineral.

4.3. Observación microscópica

En mineralogía es muy frecuente el uso del **microscopio de luz polarizada**. Éste posee dos polarizadores colocados perpendicularmente uno con respecto al otro, que polarizan la luz que los atraviesa. Este tipo de microscopios también poseen algunos tipos especiales de lentes, como las Amici-Bertrand, que sirven para observar figuras de interferencia, que es un fenómeno óptico característico de los minerales y que depende de su forma de cristalización.

A parte de esto, también pueden poseer un *ocular graduado* para medir el tamaño del cristal, o un llevar incorporado un *equipo fotográfico* para tomar microfotografías de la muestra. Para todo lo expuesto anteriormente, la muestra debe estar preparada como una lámina delgada, de unas 30 micras.

Para el estudio de minerales opacos se utilizan **microscopios de reflexión**, que recogen la luz reflejada por el mineral, que es la que observamos posteriormente. Existen diferentes tipos de accesorios que se acoplan a las lupas y microscopios para ver diferentes cualidades del mineral: color, pleocroísmo, textura, planos de exfoliación y fractura, inclusiones, índice de refracción, isotopía, birrefringencia...

En determinadas ocasiones, se puede ser útil utilizar el **microscopio electrónico**, para captar algunas particularidades de los minerales a mayor aumento.

5. CONCLUSIÓN

Una vez estudiado el tema, podemos ver la complejidad que poseen los minerales y como, por medio de un estudio arduo y continuo, podemos ir descifrando las peculiaridades más escondidas de los compuestos inertes que nos rodeas.

La materia mineral es la base estructural de nuestro planeta, pues sus diferentes formas y variedades son las que forman, en última instancia, el entorno donde vivimos. Cada mineral es diferente y los podemos distinguir de otros por las propiedades que presentan.

Por otra parte, hemos visto que para estudiar cómo están organizados los átomos y las moléculas dentro de los cristales, tenemos que recurrir a una serie de técnicas específicas que se llevarán a cabo en el laboratorio.

Bibliografía útil:

AMORÓS, J. L. (1990) "El cristal". Ed. Atlas.

HEINRICH, E. W. M. (1972) "Petrología microscópica". Ed. Omega.

HURLBUT, C. D. y otros. (1982) "Manual de Mineralogía de Dana". Ed. Reverté.

MELÉNDEZ, B. y otros. (2001) "Geología". Ed. Paraninfo.

PHILLIPS, F. C. (1972) "Introducción a la Cristalografía". Ed. Paraninfo.

STRAHLER, A. (1997) "Geología Física". Ed. Omega.

0. INTRODUCCIÓN

En este tema veremos en qué consiste el magmatismo, sus conceptos básicos y las rocas más importantes que resultan de este proceso.

Se trata de una materia muy amplia y, a la vez, básica en las ciencias geológicas, pues este tipo de rocas constituyen un importante contingente de las rocas de la superficie del planeta y, no digamos, de su interior. La complejidad de la materia hace, no obstante, que se pueda tratar con rigor y extensión en el tiempo y espacio que disponemos pero, no por ello, dejaremos de resaltar las características y valores más importantes de la misma.

En primer lugar, nos centraremos en la materia prima que da lugar a estas rocas, el magma; veremos su génesis y sus variedades. A continuación, veremos los grupos más representativos de rocas magmáticas y sus principales características, para acabar viendo la importancia geológica y económica que tienen.

1. GENERALIDADES

1.1 Magma y magmatismo.

El interior de la Tierra es un ambiente caracterizado por una presión y temperatura muy altas. Este ambiente endógeno se denomina **ambiente ígneo o magmático**.

Un **magma** lo podríamos definir como una mezcla compleja de sólidos (principalmente silicatos), líquidos (agua) y volátiles (CO_2, H_2, H_2S, HCl), que se encuentran fundidos a temperaturas elevadas, desde los 700 °C a los 1000 °C o 1500 °C. Ahora bien, hemos de pensar que a estas de presiones, los líquidos y gases no se encuentran separados sino que, al contrario, permanecen integrados dentro del sistema de fusión. Estos compuestos más ligeros pueden rebajar hasta en varios cientos de grados el punto de fusión/solidificación de un magma.

Los magmas se originan en la parte superior del manto y en la base de la corteza. Desde allí, migran lentamente hacia zonas más superficiales, que tienen menor presión, donde se consolidan por disminución de la temperatura. Por otra parte, hemos de ver al magma como un cuerpo no totalmente líquido sino que más bien se encuentra entre lo sólido y lo "líquido", como si fuese una roca muy flexible que va ascendiendo poco a poco a través de las fracturas de la corteza. Al llegar a la superficie, la presión disminuye enormemente y esto hace que se vuelva muy fluido, como es la lava que bien conocemos.

1.2. Composición química de los magmas.

La composición química de los magmas se ha podido averiguar a partir del estudio de las rocas magmáticas a que dan lugar. Así, se observa que el 99% de las rocas ígneas está constituido por los ocho elementos geoquímicamente más abundantes (O, Si, Al, Fe, Ca, Na, K y Mg), y el resto por otros elementos más raros llamados **elementos traza** (Ti, P, H, Zn, Ni, Cr, Sn...), que se concentran en las rocas ígneas y dan lugar a importantes yacimientos de interés económico.

La palabra magma viene del griego (μαγμα) que significa ungüento o espeso.

Otro aspecto interesante que se ha visto es que las rocas plutónicas y volcánicas de la misma zona presentan una composición similar.

La composición general de un magma se viene expresando por la proporción existente entre la **sílice** (SiO_2) y uno de estos tres grupos principales de minerales: minerales alcalinos (ricos en Na_2O y K_2O), minerales calcoalcalinos (compuestos por CaO, Na_2O y K_2O) o minerales potásicos (muy ricos en K_2O).

La sílice es el compuesto más abundante de los magmas. Según el porcentaje de este mineral presente, los magmas se pueden clasificar en cuatro grandes grupos:

- **Magmas ácidos**: contienen más del 65% de sílice. Si son extremadamente ácidos se llaman **magmas toleíticos**.

- **Magmas intermedios**: contienen entere el 52% y el 65% de sílice.

- **Magmas básicos**: entre el 45% y el 52% de sílice.

- **Magmas ultrabásicos**: tienen menos del 45% de sílice.

Junto a la sílice encontramos otros minerales… Podemos distinguir dos grupos:

- **Minerales leucocratos o félsicos**: son de colores claros, sin hierro ni magnesio, con gran proporción de sílice que les da un carácter ácido. Los más importantes son:

  - Cuarzo: compuesto solamente por sílice.

  - Feldespatoides: contienen entre un 42-55% de SiO_2, 23-36% de Al_2O_3 y 22% de Na_2O+K_2O, como compuestos mayoritarios.

  - Feldespatos: compuestos por 65% de SiO_2, 18% de Al_2O_3 y 17% de Na_2O+K_2O. También se conocen como **feldespatos alcalinos**. A este grupo pertenece la *ortosa*.

  - Plagioclasas: compuestos por 54-68% de SiO_2, 20-29% de Al_2O_3, 0-12% de CaO y 5-12% de Na_2O+K_2O. Se conocen también como **feldespatos calcoalcalinos** por tener calcio en su composición. A este grupo pertenece la *anortita* (**plagioclasa cálcica**, con calcio) y la *albita* (**plagioclasa sódica**, sin calcio).

  - Mica blanca, mica potásica o moscovita.

- **Minerales melanocratos, máficos o ferromagnésicos**: son de colores oscuros, con gran cantidad de hierro y magnesio y con poca sílice. Son de carácter básico. Destacamos:

  - Olivino: contiene alrededor de un 40% de SiO_2 y un 60% de $MgO+FeO$. Es de color verdoso.

  - Augita o piroxeno: contiene 50% de SiO_2, 3% de Al_2O_3, 23% de $MgO+FeO$ y 20% de CaO.

  - Hornblenda o anfíbol: presenta 40% de SiO_2, 10% de Al_2O_3, 30% de $MgO+FeO$ y 12% de CaO.

  - Mica negra, mica férrica o biotita: contiene 36% de SiO_2, 15% de Al_2O_3, 30% de $MgO+FeO$, 1% de CaO y 10% de Na_2O+K_2O.

1.3. Propiedades físicas de los magmas

La mayor o menor movilidad de un magma depende de su **viscosidad**. Esta característica dependerá tanto de la presión como de la temperatura a la que se encuentra un magma, como a su composición. La viscosidad de un magma podrá variar según las siguientes normas:

- La viscosidad disminuye al aumentar la temperatura: más caliente = más fluido.

- La viscosidad aumenta con la presión: más comprimido = menos fluido.

- La viscosidad disminuye con la presencia de volátiles: más gases = más fluido.

- La viscosidad aumenta con la concentración de Si_2O: más sílice = más viscosos = menos fluidos. Por tanto, los magmas más ácidos (con más sílice) serán más viscosos que los básicos.

1.4. Formación de un magma.

Un magma se forma por fusión de los minerales que forman la roca. Puesto que cada roca está formada por diferentes minerales, no se puede dar un punto de fusión concreto de una roca sino que, más bien, su fusión comenzará en un momento dado, llamado punto de **sólidus**, y se completará en otro, punto de **líquidus**, quedando entre ambos la roca parcialmente fundida.

Para que se forme un magma pueden ocurrir tres acontecimientos:

- que aumente la temperatura

- que disminuya la presión

- que se produzca una entrada de agua (cambiaría la posición de la línea de sólidus).

1.5. Lugares de la corteza con magmatismo

En todo lo ancho de la corteza continental podemos encontrar diversas zonas donde se dan procesos magmáticos. Destacamos entre las más importantes:

- **En bordes de placa constructivos**. Éstos son las dorsales o rifts. Se producen por descompresión del material del manto que asciende en estado sólido.

- **En bordes destructivos**. Es decir, en zonas de subducción. La fricción entre los diferentes materiales de estas zonas hace que se alcancen altas temperaturas. El agua marina, frecuente en estas zonas, favorece, como hemos visto, la fusión de los materiales.

- **En el interior de las placas**. Cuando se dan estos casos, se debe a la presencia de un punto caliente, es decir, una región del manto con una anomalía geotérmica. Ascienden plumas de material sólido pero caliente que funde a unas decenas de kilómetros de la superficie. Generalmente, se vienen considerando tres tipos de puntos calientes:

    - Puntos calientes situados en medio de una placa oceánica. Suelen formar islas y montes submarinos. Este es el caso de las Islas Hawai.

- Puntos calientes situados en medio de una placa continental. Forman zonas termales, frecuentemente con geiseres. Un caso típico es el parque de Yellowstone en EEUU.

- Puntos calientes situados a lo largo de borde expansivos de placas. Es decir, se encuentran cerca de rifts y dorsales, normalmente alineados paralelamente al eje de éstos.

2. CONSOLIDACIÓN MAGMÁTICA

2.1. Fases de consolidación.

En su paso de líquido a sólido un magma pasa por diferentes fases, que se podrían resumir en estas tres:

- <u>Diferenciación magmática</u>: los minerales con puntos de fusión más altos comienzan a cristalizar y, a continuación, a separarse de la masa principal. Como consecuencia, el magma restante queda con una composición diferente a la inicial. Los cristales que se van formando se pueden separar por **gravedad** (cayendo al fondo de la cámara magmática), por **compresión** (el magma más fluido escapa cuando aumenta la presión), por **transporte gaseoso** (se separa la parte líquida y la gaseosa).

- <u>Asimilación</u>: el magma puede fundir parte de las rocas que encuentra a su paso y las asimila, alterando así la composición del magma original. En este proceso también se transforma la roca encajante. Este proceso se conoce como **metasomatismo** y, en términos generales, se produce cuando un líquido o un gas penetra en la roca encajante alterando su composición.

- <u>Mezcla de magmas</u>: durante el ascenso, los magmas se pueden unir unos con otros, dando lugar a una mezcla que altera su composición y su estructura física inicial (temperatura, compactación, presencia de gases...). A raíz de esto, se pueden producir procesos como liberación de volátiles, incremento de la presión, aceleración de la cristalización o la fusión de nuevo de minerales.

- <u>Solidificación del magma</u>: poco a poco, los diferentes minerales del magma irán cristalizando hasta que todo el magma quede solidificado. La velocidad de enfriamiento determinará la *cantidad* y el *tamaño* de los cristales que se formen. La solidificación dependerá tanto de la *composición* del magma como de la *presión* (con más presión antes se solidificará) y de la *temperatura* (la disminución de la temperatura favorecerá la solidificación de un magma).

Durante el proceso de consolidación se pasa por tres fases, que se diferencia por la temperatura que alcanzan:
- • Fase ortomagmática: la temperatura del magma desciende hasta los 500 °C; la mayoría de minerales cristalizan según las series de reacción propias de cada uno.

7

- Fase pegmatítico-neumatolítica: tiene lugar alrededor de los 500 °C, cuando cristaliza el cuarzo y la ortosa. Quedan líquidos y volátiles que penetran en la roca encajante y provocan una aureola de contacto. Éstos volátiles llegan a formar yacimientos de minerales.

- Fase hidrotermal: se forman soluciones hidrotermales de agua con otros compuestos disueltos a alta temperatura. Debido a la alta presión, asciende por grietas formando yacimientos.

2.2. Cristalización fraccionada.

Cuando el magma se solidifica no lo hace de manera homogénea. Hemos visto que los magmas están compuestos por una mezcla homogénea de minerales con puntos de fusión diferentes cada uno. Por este motivo, a cada temperatura se irán formando cristales de minerales diferentes, y por esta razón se habla de **cristalización fraccionada** de los magmas.

Bowen estableció unas series de reacción para explicar la cristalización fracciona que tiene lugar al consolidarse un magma. Se conocen comúnmente como **series de reacción de Bowen.** La cantidad de sílice de un magma va a determinar las reacciones que se produzcan entre los distintos minerales conforme va disminuyendo su temperatura. Vamos a verlos por separado.

1) Minerales ferromagnésicos o melanocratos:

Llevan a cabo su consolidación mediante una **serie discontinua de reacción.** En esta serie comienza cuando la sílice reacciona con parte del *olivino* para formar *piroxenos*. Posteriormente, los piroxenos reaccionan con sílice para formar *anfíboles*, y a éstos les sucede lo mismo y dan lugar a *biotita* y después a *moscovita*. Finalmente, sólo queda sílice, que cristalizará a unos 900 °C dando lugar a *cuarzo*. Esta serie es discontinua porque los minerales que intervienen no tienen la misma estructura espacial, cristalizando sucesivamente en sistemas y formas cristalinas distintas.

2) Minerales alcalinos o leucocratos:

A diferencia de la anterior, los silicatos alcalinos presentan una **serie continua de reacción**, que se da entre la serie de las plagioclasas. En primer lugar se formará *anortita*, después *albita*, después *ortosa* y, finalmente, *cuarzo*. Es una serie continua porque todos los minerales que se forman tienen la misma estructura cristalina y, por tanto, el mismo tipo de red espacial. Por este motivo, podemos encontrar una gradación entre los minerales de la serie (albita, anortita, etc.).

3. ACTIVIDAD MAGMÁTICA

3.1. Vulcanismo.

Por vulcanismo se entiende el conjunto de procesos relacionados con la ascenso de magmas y su salida a la superficie terrestre. Su principal manifestación externa es la formación de **volcanes**, y las rocas que se forman por enfriamiento súbito son las **rocas volcánicas**.

La actividad volcánica está generalmente asociada a bordes de placa, ya sean constructivos (dorsales), pasivos o destructivos. También puede estar asociada a debilitamientos de la corteza como son los puntos calientes.

La estructura básica de un volcán consta de una **cámara magmática**, una **chimenea** principal y otras laterales, un **cono** principal y, a veces, otros adventicios y un **cráter**, que recibe el nombre de **caldera** cuando es de grandes dimensiones.

Los productos expulsados por un volcán pueden ser:

- **Lava**: se trata de roca líquida, originada por el magma, que ha perdido la mayor parte de gases. Su viscosidad condicionará el tipo de coladas y su velocidad de avance.

- **Cenizas y polvo**: son sólidos expulsados de pequeño tamaño. Suelen quedar suspendidos gran tiempo en el aire antes de depositarse e, incluso, llegar a la estratosfera donde permanecerán mucho más tiempo y serán transportados a larga distancia.

- **Bombas volcánicas, lapilli**: son sólidos incandescentes de diferente tamaño arrojados por el volcán que caen rápidamente al suelo.

- **Gases**: son expulsados rápidamente por el magma cuanto entra en contacto con el aire. Comprenden agua, CO_2, H_2S, HCl y H_2, principalmente.

La estructura y actividad de los volcanes es diversa. El tipo de actividad volcánica vendrá condicionado por la fluidez del magma y la cantidad de volátiles que acompañen a la lava. Vamos a nombrar seis tipos principales de volcanes, aunque podríamos distinguir aún más, o clasificarlos de otra forma:

- **Fisurales**: son emanaciones volcánicas que no suelen estar asociadas a un edificio volcánico. Presentan lavas muy fluidas que no siempre llegar a la superficie. Son los responsables de la actividad de fumarolas, géiseres y otras surgencias hidrotermales como son las del Parque Nacional de Yellowstone en Estados Unidos.

- **Hawaiano**: presenta lavas fluidas y con pocos gases que pueden recorrer grandes distancias. Volcanes aplanados y extensos. Un ejemplo de ellos son las Islas Hawai.

- **Estromboliano**: lava fluida pero no tanto como en los hawaianos, con desprendimiento de gases rápido que no provoca grandes explosiones. Este es el caso del volcán Stromboli en Sicilia, Italia.

- **Vulcaniano**: lava viscoso, que consolida con rapidez. Gran desprendimiento de gases que crea explosiones que pulveriza la lava. Ejemplos son Vulcano en las Islas Lípari y el Etna en Sicilia.

- **Vesubiano**: lava aún más viscosa que provoca erupciones de gran magnitud. Es el caso del Vesubio, en Nápoles, que cubrió de cenizas la ciudad de Pompeya en el siglo I a. C.

- **Peleano**: lava muy viscosa, que puede llegar a tapar el cráter generando grandes explosiones por aumento de la presión. Volcanes de poca extensión pero de gran desarrollo vertical. Monté Pelé en la Isla Martinica.

3.2. Plutonismo

Este proceso hace referencia al ascenso y enfriamiento de los magmas, formando rocas plutónicas. Como consecuencia, se forman grandes masas de roca, llamadas plutones, que se encuentran en el núcleo de las grandes cordilleras.

A diferencia de los volcanes, estos enclaves permanecen desapercibidos a simple vista ya que se producen muy lentamente pero con importantes consecuencias en la morfología del terreno a largo plazo.

3.3. Actividad filoniana

Estos procesos comprenden la cristalización del magma en grietas y fisuras de la roca. Su velocidad de enfriamiento y características están entre medio de los procesos volcánicos y plutónicos, aunque por su escasa percepción externa, se parecen mucho más a estos últimos.

Son, no obstante, muy interesantes debido a que pueden llegar a formar importantes acumulaciones de minerales, que pueden tener un gran interés económico.

4. LAS ROCAS MAGMÁTICAS

4.1. Criterios de clasificación.

La gran diversidad de procesos magmáticos generan un variedad aún mayor de tipos de rocas ígneas. Existen diferentes criterios para clasificar estos tipos de rocas, pero que generalmente hacen referencia a la presencia y características de los cristales que en ellas se forman. Veremos los criterios más importantes. Estas clasificaciones pueden variar según los autores y según los tipos de características que resalten más en cada grupo de rocas o cuáles de ellas interesa estudiar más en cada momento.

1) Clasificación según su textura

La *textura* de una roca se refiere a la apariencia externa que nos ofrece. La textura se puede clasificar según varios criterios, como veremos a continuación.

Según la cristalinidad. Hace referencia al grado de cristalización que presenta una roca, para entendernos, la cantidad de cristales presentes en una roca enfrente a la cantidad de materia que haya sin cristalizar. Encontramos tres tipos:

- **Holocristalina**: la roca está totalmente cristalizada.

- **Hipocristalina**: roca cristalizada sólo en parte.

- **Vítrea**: no tiene ningún tipo de cristalización. Aún así, se pueden distinguir dos tipos de formas: perlítica, si tiene un crecimiento circular, o esferulítica, si lo tiene radial.

Según el tamaño de los cristales. Aunque a veces resultan difíciles de ver, el tamaño de los cristales es otra característica útil para clasificar a las rocas. Para poder clasificarlas con rigor, tendremos que hacer uso de la lupa y el microscopio, éste último con láminas finas. Las estructuras pueden ser:

- **Fanerítica**: los cristales se ven a simple vista. Dentro de este grupo distinguimos dos estructuras:

  • Equigranular: todos los cristales son de un tamaño parecido. Dentro de este subgrupo suele ser útil también distinguir entre:

- o *Granuda* o *pegmatítica*: el grano es de gran tamaño.

- o *Microgranuda* o *aplítica*: el grano es pequeño.

- • Inequigranular: los cristales son de diferentes tamaños. Según la forma de presentarse puede ser:

    - o *Seriada*: se encuentran todos los tamaños de cristales.

    - o *Porfídica*: se encuentran grandes cristales, llamados **fenocristales**, y microcristales o bien vidrio.

    - o *Poiquilítica*: se encuentran grandes cristales que en su interior albergan otros cristales más pequeños.

    - o *Ofítica* o *diabásica*: es un caso anterior de la anterior en que grandes cristales de piroxeno incluyen a cristales menores de plagioclasas.

- – **Afanítica**: los cristales no se ven. En este grupo podemos distinguir dos tipos de estructuras:

    - • Microcristalina: los cristales se llegan a ver en un microscopio petrográfico.

    - • Criptocristalina: los cristales, si hay, no se ven ni con microscopio petrográfico.

Según la forma de los cristales. Las diferentes manifestaciones de la apariencia externa de los cristales también puede ser otro criterio de clasificación. Encontramos las siguientes formas de cristales:

- – **Cristales idiomorfos o euhedrales**: son cristales de formas regulares. Las rocas que forman se llaman panidiomorfas.

- – **Cristales alotriomorfos, xenomorfos o anhedrales**: se trata de cristales irregulares. Las rocas donde se encuentran reciben el nombre de panalotriomorfas.

- **Cristales subidiomorfos o subeuhedrales**: son cristales con algunas de sus caras regulares y otras irregulares. Forman rocas subidiomorfas.

- **Cristales que presentan formas de corrosión**. Según su apariencia reciben distintos nombres:

    • Formas ameboides: con formas globosas.

    • Formas dendríticas: en forma de árbol.

    • Formas plumosas o ramificadas: con forma de plumas con más o menos ramificaciones.

2) Clasificación según su estructura

La *estructura* hace referencia a la disposición y orden de los componentes de la roca. Distinguimos los siguientes tipos de estructuras:

- **Fluidal**: dentro de la roca, los cristales se encuentran orientados en una dirección. Esta orientación viene provocada por la existencia de un flujo durante la consolidación magamática.

- **Traquítica**: se trata del mismo caso que el anterior, pero se aplica a rocas de grano fino.

- **Enclaves o gabarros**: son fragmentos de otras rocas (ígneas, metamórficas o sedimentarias) dentro de las rocas ígneas.

Las estructuras que siguen son aplicables, principalmente, a *rocas volcánicas*:

- **Vacuolar**: rocas que presentan huecos producidos por la desgasificación durante su enfriamiento.

- **Amigdalar**: como la anterior, presenta huecos, pero estos han sido rellenados por un productos secundario.

- **Escoriácea**: es un caso particular de estructura vacuolar en que los alveolos presentan morfologías muy irregulares.

- **Almohadillada**: son también conocidas como pillow-lavas. Se produce en fondos marinos, cuando en durante una erupción marina una lava se enfría rápidamente, adoptando un forma redondeada que recuerda a una almohada.

- **Piroclástica**: son fragmentos sueltos de diferentes tamaños, generalmente producidos por una erupción aérea más o menos violenta. Cuando estos fragmentos cementan, se forman las **tobas volcánicas**.

- **Columnar**: son columnas de tamaño métrico con 4 a 6 caras que se producen por contracción de la lava al enfriarse. En algunos lugares producen estructuras mayores llamadas **calzadas de gigantes**.

3) Clasificación según la composición química

Aunque no siempre es fácil conocerla, la composición química define de manera particular a cada roca. A grandes rasgos, en geología interna se habla de cuatro tipos principales de rocas según su composición y, en concreto, según su grado de acidez, que viene dado, a su vez, por la cantidad de sílice presente en la roca. Estos son:

- **Rocas ácidas o toleíticas**: contienen una cantidad de sílice mayor del 65%.

- **Rocas intermedias**: contienen entre el 65% y el 52% de sílice en su composición.

- **Rocas básicas o alcalinas**: contienen entre el 45% y el 32% de sílice.

- **Rocas ultrabásicas**: contienen menos del 32% de sílice.

En términos generales, a mayor profundidad los magmas que encontramos son más alcalinos. A medida que vamos acercándonos a la superficie terrestre, éstos se pueden diferenciar y dar lugar a otros magmas más ácidos. Por tanto, las rocas ácidas las encontraremos principalmente en los continentes, mientras que las más básicas las encontraremos formando parte de la corteza oceánica.

4) Clasificación según la composición mineralógica

A una escala superior a la anterior, podemos distinguir a grandes rasgos dos tipos de rocas según el tipo de mineral que contengan. Podemos hablar de dos tipos generales:

- **Leucocratos**: son minerales de colores claros ricos en sílice.

- **Melanocratos**: son minerales oscuros con poca sílice.

4.2. Grupos de rocas magmáticas.

De forma tradicional se vienen diferenciando tres grandes grupos de rocas magmáticas: **plutónicas, volcánicas** y **filonianas**, que se diferenciarán según la velocidad a la que se hayan enfriado. Esto dará lugar a diferentes tipos de rocas con gran diversidad de texturas y estructuras como las que hemos visto anteriormente.

Así, hemos de pensar que las rocas de estos tres grupos se van a diferenciar únicamente por el tipo de estructura y textura que presenten, y no por la composición, que se irá repitiendo en todas ellas.

ROCAS PLUTÓNICAS

Las rocas plutónicas son rocas que se han enfriado lentamente en el interior de la corteza. Por tanto, presentarán cristales más o menos grandes, bien formados y con morfologías y composición bastantes regulares. Más grandes y más regulares cuanto más lenta y constante haya sido la velocidad de enfriamiento.

- **Granito**: es una roca compuesta por cristales de cuarzo, feldespato (ortosa) y mica (blanca, o moscovita, y negra, o biotita), más otros minerales accesorios. Se trata de una roca plutónica muy abundante en toda la corteza *continental*. Es ácida. Se forma por fusión de rocas circundantes, ultrametamorfismo o bien a partir de magmas primarios.

- **Sienita**: es una roca con muy poco cuarzo o sin él. Con anfíboles (hornblenda) y piroxenos (augita). Tiene abundante ortosa (feldespato potásico). Frecuentemente de colores rosados, por lo que da lugar al mal llamado *granito rosa*.

- **Granodiorita**: en esta roca, la plagioclasa constituye el feldespato dominante. Contiene mayor cantidad de minerales máficos que el granito, razón por la cual esta roca presenta tonalidades más oscuras que éste.

- **Diorita**: contiene gran cantidad de plagioclasas, principalmente albita (plagioclasa sódica, ácida), poca ortosa y poco cuarzo. Es más oscura que las anteriores por contener bastante concentración de minerales máficos.

- **Gabros**: contiene gran cantidad de plagioclasas, principalmente anortita (plagioclasa cálcica, básica), poca ortosa y cuarzo. De color muy oscuro por existir piroxenos (augita) y anfíboles (hornblenda), ambos minerales máficos.

- **Peridotitas**: abundan los minerales máficos, que le dan un color oscuro. Dependiendo del tipo de mineral que más abunde, la roca recibe un nombre u otro. Si el más abundante es el olivino (más de un 90%), las rocas reciben el nombre de **dunitas**. Si el que más abunda es el piroxeno, se llaman **piroxenitas**. Si del que más hay es de hornblenda, se llaman **hornblenditas**. De estos tres, la forma más abundante de peridotitas son las dunitas, que tienen un color verdoso que viene dado por el olivino.

ROCAS VOLCÁNICAS

Las rocas volcánicas son rocas que, al contrario que las anteriores, se han enfriado rápidamente al entrar el magma en contacto directo con el aire o el agua. Por esta razón, estas rocas no presentarán cristales y, en caso de existir, serán de tamaño muy pequeño. Son frecuentes las texturas vítreas y afaníticas. Existe una correlación, como veremos más adelante, entre las rocas volcánicas y las plutónicas y filonianas, que comparten todas ellas su composición, y se diferencian por su estructura cristalina. Veamos las más representativas de este grupo.

- **Riolita**: son rocas de composición similar al granito. Presentan una matriz vítrea. Su color suele ser variable.

- **Traquita**: presenta una composición similar a la sienita. Puede presentar una textura traquítica. Abunda el feldespato potásico (ortosa) y hay presencia de biotita. Sin feldespatoides.

- **Dacitas**: de composición similar a la granodiorita, con más minerales máficos que la riolita y con plagioclasas como feldespatos dominantes.

- **Fonolita**: tienen una composición similar a las traquitas, pero sin feldespatoides.

- **Foiditas**: parecidas a las anteriores pero compuestas casi enteramente por feldespatoides, de ahí su nombre.

- **Andesita**: rocas muy ácidas, con más del 53% de sílice y con pocos máficos (menos de 35%), principalmente anfíboles, y biotita. Presenta colores claros. Es frecuente en bordes destructivos, como los Andes.

- **Basalto**: son las rocas volcánicas más abundantes. Presentan una textura porfídica. Los minerales más abundantes son las plagioclasas (anortita) y la augita (piroxeno). Son de color muy oscuro.

A parte de esta clasificación, podemos encontrar rocas con otras estructuras pero que responden a cualquier composición de las rocas volcánicas que hemos visto anteriormente. Algunas de éstas son

- **Vidrios volcánicos**: como la obsidiana, la pumita o la perlita.

- **Productos piroclásticos**: cenizas, lapilli, bombas volcánicas..., que dan lugar a las tobas cuando se consolidan.

ROCAS FILONIANAS

Las roca filonianas son rocas que se han enfriado dentro de la corteza terrestre, pero muy cerca de la superficie, frecuentemente en grietas u otras cavidades de diferentes tamaños, que le han propiciado velocidades de enfriamiento mayores que las rocas plutónicas, pero menores que las volcánicas. Son frecuentes en estas rocas las texturas porfídica, aplítica y pegmatítica, en la mayoría de casos con cristales pequeños acompañados de matrices amorfas. La correlación que pueda tener con las anteriores se hace más difusa debida a los complejos factores que rodean su enfriamiento, y su parecido a un grupo o al otro dependerá de a qué se parezca más su forma de enfriarse, si al uno o al otro. Algunas de las más representativas son:

- **Aplitas**: son rocas ácidas, principalmente con cuarzo y feldespatos. Son de grano fino, microcristales o vídrio. Frecuentemente rodea plutones de granito.

- **Pegmatitas**: son rocas también ácidas, de composición similar a los granitos. Presentas cristales de cuarzo grandes, feldespatos alcalinos y moscovita. Aparecen, como las aplitas, cerca de plutones graníticos.

- **Pórfidos**: son rocas con textura porfídica (cristales grandes y matriz de microcristales o vidrio). Su composición es similar a la roca que le rodea. En caso de que ésta sea de carácter básico, será de color oscuro.

- **Diques** de cuarzo: es una roca extremadamente ácida, con hasta con un 99% de cuarzo.

4.3. Formas de emplazamiento de las rocas ígneas

Las rocas ígneas presentan unos tipos de emplazamiento característicos, que dependerán del tipo de origen de cada una de ellas. Posteriormente, estas estructuras darán lugar a unos rasgos característicos en el modelado del paisaje.

1) Rocas plutónicas o intrusivas.

Su nombre viene dado por la palabra **plutón**, que es el nombre general que se da a una intrusión, y que generalmente viene asociado a una antigua cámara magmática convertida en roca al enfriarse lentamente en el interior de la tierra. Las principales estructuras asociadas a este tipo de rocas son:

- **Batólitos**: son masas de roca de gran extensión (más de 100 km^2), que suelen formar el núcleo de cordilleras antiguas. Están en contacto discordante con las rocas que atraviesan. Ejemplos de batolitos en la Península son la Sierra de Guadarrama, Gredos o el Macizo Gallego.

- **Stocks**: son masas también de gran tamaño, pero menores de 100 km^2. Serían un caso particular del anterior.

- **Lacolitos**: son masas lenticulares concordantes con las rocas encajantes, con extensiones de varios kilómetros cuadrados. Suelen presentar una forma convexa entre los estratos.

- **Lopolitos**: son masas concordantes de gran extensión y de poco espesor, más pequeñas que las anteriores. Suelen presentarse entre los estratos con una forma ligeramente cóncava. Algunos autores (Meléndez, 2001) las consideran como un tipo especial de lacolitos.

2) Rocas volcánicas

Este tipo de rocas se suelen presentar como complejos volcánicos, de los que surgen coladas de lava, que pueden llegar a cubrir grandes extensiones, bombas volcánicas, piroclastos y nubes ardientes entre otros. En zonas marinas son abundantes los basaltos, que surgen a través de erupciones a través de fracturas, siendo muy frecuentes las pillow-lavas o lavas almohadilladas y las columnas hexagonales formadas cuando se enfría el basalto cerca de la superficie.

3) Rocas filonianas

Estas rocas aparecen en **filones**, de ahí su nombre. A veces, su disposición puede confundirse con las formas de emplazamiento de las rocas plutónicas pero, por lo general, presentan un tamaño mucho más pequeño. En ocasiones, se presentan simplemente como vetas o venas de pocos centímetros de espesor, pero de gran extensión. Pueden atravesar rocas sedimentarias, metamórficas, e incluso plutónicas.

- **Sill**: son filones paralelos a la roca encajante. A veces, se consideran como un tipo de lopolito muy pequeño.

- **Diques**: son formas tabulares estrechas y discordantes. Pueden presentarse en grupos radiales, paralelos o anulares...

5. IMPORTANCIA DE LAS ROCAS MAGMÁTICAS

Las rocas ígneas constituyen una importante parte del paisaje geológico que nos rodea. Por otra parte, ciertas formas de emplazamiento de estas rocas pueden ser importantes como fuente de recursos naturales. Veámoslos rápidamente.

5.1. Importancia geológica.

Ciertas zonas de la superficie terrestre están constituidas casi exclusivamente por rocas volcánicas. Islas como las Canarias o Hawai, poseen un paisaje que debe su morfología principalmente a componentes volcánicos. Muchas cordilleras, como los Andes o el Himalaya, están constituidas sobre un núcleo plutónico. En ocasiones, este núcleo ha sido erosionado y modelado por agentes externos y podemos observar los granitos y otras rocas que los constituían. En la Península podemos observar esto en cordilleras como los Pirineos o la Sierra de Gredos. Finalmente, asociadas a las rocas plutónicas y volcánicas encontramos las rocas filonianas que, aunque no constituyen grandes edificios geológicos por ellas mismas, sí que pueden llegar a formar detalles geomorfológicos en los paisajes anteriores. Éstas, como veremos, tienen mucha más importancia para la economía que para el paisaje.

5.2. Importancia económica.

En una primera instancia, el paisaje ígneo puede generar una fuente importante de ingresos por su atractivo turístico, por la singularidad de sus paisajes o la elegancia de sus formas.

No obstante, las rocas magmáticas pueden tener un importante interés económico por algunos de los recursos que nos ofrecen. Entre ellos destacamos:

- **Construcción**. En algunas, el granito es utilizado como material primario de construcción, ya sea en forma de bloques, ya en forma de gravas o arenas. En la arquitectura moderna también tiene un importante valor como decorativo de fachadas, mobiliario público, adoquines de aceras, etc. Materiales volcánicos como la piedra pómez han sido utilizados para aligerar estructuras por su bajo peso; hoy día están siendo sustituidos por sucedáneos artificiales.

- **Decoración**. La obsidiana es un vidrio volcánico que se ha considerado en muchas ocasiones como una piedra semipreciosa por su color oscuro y su fractura cóncava.

- **Energía geotérmica**. En algunas zonas, como Islandia, el calor procedente del interior del planeta emerge con las dorsales, y éste es transformado en energía eléctrica.

- **Filones minerales**. Posiblemente, éste sea el uso más rentable y conocido de las rocas magmáticas, y en especial de las filonianas. Por su proceso de solidificación, las rocas filonianas pueden generar acumulaciones importantes de minerales como la **galena** de Sierra Morena (mena de plomo), la **bleda** de Reocín en Cantabria (mena de zinc), **siderita** (mena de plata), la **pirita** y **calcopirita** de Riotinto en Huelva (cobre), el cinabrio de Almadén (mercurio), y también de otros elementos como **plata**, **oro**, **berilo**, **zinc**, etc.

6. CONCLUSIÓN

Para finalizar, destacar la gran cantidad de conceptos que hemos tratado, sabiendo que son sólo una pequeña parte de todo lo que se sabe sobre este tema. Es importante destacar la relevancia que tienen los procesos magmáticos en nuestro planeta, pues forman, como hemos visto, la mayoría de rocas y estructuras de, al menos, la base de la corteza.

Por otra parte, el estudio de las rocas magmáticas nos ayuda a conocer mejor el origen de nuestro planeta, su estructura y funcionamiento. No hemos de olvidar, no obstante, las posibles menas de interés económicos que de este tipo de rocas podemos extraer.

Bibliografía útil:

ANGUITA, F. (1991) "Procesos geológicos internos". Ed. Rueda.

ANGUITA, F. y otros. (1993) "Procesos geológicos externos y Geología ambiental". Ed. Rueda.

MELÉNDEZ, B. y otros. (2001) "Geología". Ed. Paranimfo.

STRAHLER, A. (1997) "Geología Física". Ed. Omega.

TEMA 5

METEMORFISMO. LAS ROCAS
METAMÓRFICAS MÁS IMPORTANTES.

0. INTRODUCCIÓN

El **metamorfismo** es el conjunto de transformaciones y reacciones que sufre una roca cuando es sometida a unas condiciones de presión y temperatura distintas a las que reinaban durante su génesis.

En este tema vamos a ver en qué consiste el metamorfismo, conoceremos sus conceptos básicos, así como las rocas más importantes que se forman como resultado de este proceso.

El tema del metamorfismo trata un campo muy amplio de la Geología, y contiene, por ello, una gran cantidad de conceptos propios que hace difícil tratar esta materia con extensión.

En este tema nos centraremos en primer lugar en los factores que originan el metamorfismo, luego veremos los tipos de metamorfismo que pueden darse, así como su fisicoquímica, para acabar resaltando algunas de las principales rocas que se generan en este proceso.

Este tema resulta interesante desde el punto de vista petrogenético, pues trata uno de los tres grupos principales de rocas que forman la corteza de nuestro planeta.

1. FACTORES QUE CONDICIONAN EL METAMORFISMO

Los procesos metamórficos vienen determinados por tres factores esenciales: la *presión*, la *temperatura* y la *presencia de fluidos* en la roca en formación. Los altos valores que se alcanzan de estos factores, y en especial de los dos primeros, caracterizan el medio interno terrestre. En estas condiciones, los campos de estabilidad de los minerales se ven alterados. Vamos a ver cada uno de éstos por separado.

1.1. Presión

La presión puede deberse a dos condiciones, básicamente:
- **Confinamiento de las rocas.** El peso de las rocas que acompañan o la acumulación de sedimentos ejercen una presión uniforme en el interior de la litosfera, llamada **presión litostática** o **presión de confinamiento**.
- **Plegamiento.** Este tipo de presión se debe al doblado de las rocas que incorpora, además, una componente horizontal llamada **presión tectónica**.

1.2. Temperatura

El ascenso de la temperatura en las profundidades de la corteza se puede deber a:

- **Confinamiento de las rocas.** Los sedimentos acumulados originalmente en una cuenca de sedimentación reciben nuevas capas de materiales y van siendo enterrados en profundidad por acumulación de nuevas masas de materiales. En este proceso, la temperatura experimenta un aumento paulatino, es lo que se conoce como gradiente geotérmico.

- **Movimiento de bloques fallados.** Los bloques rocosos que se han fracturado y desplazado experimentan un aumento de su temperatura en la zona de fricción y en sus proximidades, debido al rozamiento a grandes presiones entre rocas.

1.3. Fluidos

Los fluidos no son un factor metamórfico por ellos mismos, pero sí influyen tanto en el aumento de la temperatura como el de presión. Y, por tanto, influirán indirectamente sobre el metamorfismo de la roca. Veamos un par de casos frecuentes:

- **Desprendimiento de volátiles**. Algunas reacciones químicas que tienen lugar a estas presiones generan deshidrataciones y descarboxilaciones en algunos minerales. Esto hace que se libere una fase fluida (agua, dióxido de carbono) que aumenta aún más la presión a la que se encuentran las rocas. Esta componente de la presión se llama **presión de fluidos**.

- **Confinamiento de volátiles**. Durante el empaquetamiento de la roca se puede confinar, junto a ella, una fase líquida o gaseosa. También puede ocurrir que se introduzcan líquidos y gases provenientes de otras zonas, aumentando la presión y temperatura locales.

2. TIPOS DE METAMORFISMO

2.1. Tipos generales de metamorfismo

Según los factores estudiados y el predominio de uno u otro sobre los demás, se pueden distinguir varios tipos de metamorfismo, que veremos a continuación.

- **Metamorfismo dinámico o dinamometamorfismo.** Se trata de un tipo de metamorfismo en el que predomina el factor de la *presión* sobre el resto. A la presión litostática se le suma la presión tectónica unilateral, normalmente en sentido horizontal, que se debe al movimiento de bloques tectónicos, como pasa en las fallas o los pliegues. Frecuentemente, se generan minerales con estructuras orientadas.

  Uno de los efectos más característicos de la presión dirigida es la aparición de planos de exfoliación de los minerales perpendiculares a la dirección de la presión sufrida, lo cual crea fenómenos de esquistosidad y pirzarrosidad típico de pizarras, esquistos y micacitas.

- **Metamorfismo térmico o de contacto.** A diferencia del anterior, en este metamorfismo predomina la *temperatura* con respecto a los demás factores. Esto se debe a la presencia de una intrusión magmática que provoca un aumento considerable de la temperatura en las rocas encajantes que rodean a la masa intrusiva, provocando una **aureola de contacto**. Esta aureola varía de espesor, dependiendo de los casos, afectando de unos pocos a centenares de metros de la roca encajante.

  El metamorfismo térmico tiende a formar rocas de composición química uniforme, compuestas por fases minerales, entre las cuales existe una amplia posibilidad de formas isomorfas. Pero, generalmente, al efecto térmico se le asocia una acción química debida a los fluidos que escapan de la masa magmática, y que provoca modificaciones metasomáticas en la roca encajante.

  Por fusión parcial y recristalización se suelen formar también minerales típicos de este metamorfismo, como la quiastolita o la cordierita.

- **Metamorfismo de carga o metamorfismo regional.** Los factores de presión y temperatura no suelen darse de forma aislada, como tampoco lo harán los tipos de metamorfismo antes vistos. Este metamorfismo englobaría, por tanto, los factores de presión y temperatura que se combinarían en un aumento creciente y paulatino. Con la profundidad aumenta la intensidad de los efectos de los factores del metamorfismo, que producen series de rocas metamórficas, con características particulares, que indican el grado y la intensidad del metamorfismo. Entre las series más conocidas está la *serie pelítica o arcillosa*, que veremos más adelante.

En las zonas más profundas de la corteza y, por tanto, en los límites inferiores de este metamorfismo, vemos que se da un ultrametamorfismo, conocido como *anatexia*, y que veremos más adelante.

En relación con la distribución del metamorfismo en profundidad, se pueden establecer tres zonas metamórficas que, aún siendo imprecisas, nos ayudan a interpretar cualitativamente el proceso metamórfico. Estas son tradicionalmente:

- <u>Epizona</u>: zona con presión y temperaturas bajas.

- <u>Mesozona</u>: presión y temperaturas medias.

- <u>Catazona</u>: presión y temperatura altas.

- **Metamorfismo de impacto**. Se debe al impacto de meteoritos, que provocan un aumento de la presión y la temperatura muy rápido y localizado. Aunque poco frecuente, este tipo de metamorfismo genera estructuras típicas muy características y minerales poco comunes, como los vidrios muy brechificados.

2.2. Anatexia

La anatexia es el proceso por el cual una roca metamórfica pasa a transformarse en magma por la acción de la presión y temperatura. La anatexia puede considerarse el proceso final en el cual la roca, sometida a temperaturas y presiones elevadas, se funde y adquiere características de un magma secundario. Este magma, cuando consolide, formará una nueva roca llamada granitos de anatexia o anatexitas.

2.3. Migmatización

La migmatización es un proceso de ultrametamorfismo que tiene como resultado la formación de un tipo especial de rocas llamadas **migmatitas**. Se produce cuando la roca, sometida a altas presiones y temperaturas, comienza a fundirse para dar lugar a granitos de anatexia; si el proceso de fusión se interrumpiese, se formaría una nueva roca veteada llamada migmatita.

2.4. Metasomatismo

Se trata de un caso particular de metamorfismo en que la roca es invadida por fluidos que, a altas presiones y temperaturas, dará lugar a una recristalización con sustituciones iónicas. De este modo, se formarán nuevos minerales. Los **skarns** son rocas metamórficas carbonatadas que se han formado por metasomatismo.

3. PROCESOS METAMÓRFICOS

3.1. Series metamórficas

El concepto de serie metamórfica hace referencia al cambio progresivo de las características de una roca al ir aumentando la presión y la temperatura. Con el cambio de estos factores, la estructura cristalina de inicial de la roca se hace inestable. Mediante procesos de recristalización, la estructura cristalina del mineral se adapta a estas nuevas condiciones de presión y temperatura.

En consecuencia, en cada grado de estos dos factores encontraremos una tipo característico de mineral, que tendrá la misma composición que los anteriores, pero su estructura cristalina será diferente. El conjunto de estos escalones es lo que se conoce como **serie metamórfica**. Un ejemplo muy característico es el de la *serie pelítica o arcillosa*, que se sucede como sigue:

ARCILLAS → PIZARRAS → ESQUISTOS → MICACITAS → GNEIS → MIGMATITAS → GRAITOS DE ANATEXIA

En esta serie se parte de una roca sedimentaria se transforma, en primer lugar, en una roca metamórfica y, posteriormente, en una roca magmática. Las series metamórficas pueden comenzar con cualquier tipo de roca: sedimentaria, metamórfica o ígnea. Veamos, a continuación, una serie que comienza con una roca magmática; esta es la *serie de los esquistos verdes*:

BASALTO → ESQUISTOS VERDES → ANFIBOLITA

3.2. Fisicoquímica del metamorfismo

Como hemos visto, los procesos metamórficos representan la adaptación fisicoquímica del mineral o de las rocas a las condiciones que imperan en la litosfera, por debajo de las zonas de meteorización. Bajo las nuevas condiciones de presión y temperatura, los minerales evolucionan hacia situaciones de estabilidad distintas de las originales, apareciendo minerales típicamente metamórficos. Por otra parte, el encontrar estos minerales en las rocas metamórficas nos permite evaluar las condiciones de presión y temperatura a las que fueron sometidas.

El metamorfismo puede ser **isoquímico** o **aloquímico**. Será *isoquímico* cuando no hay modificación química de los minerales preexistentes. Se pueden dar procesos como reorientación de cristales, deshidratación o granulación. Este es el caso de la transformación de la caliza a mármol y de las areniscas en cuarcitas. Será *aloquímico* cuando haya cambios en la composición química de los minerales, fusiones y recristalizaciones. Por ejemplo, se observa la aparición de ciertos minerales como la wallastonita o la andalucita en rocas metamórficas. El metamorfismo aloquímico se puede asemejar al metasomatismo.

3.3. Facies metamórficas

A principios del s. XX, diversos autores establecieron el **principio de las facies metamórficas**. Este principio dice: *rocas inicialmente idénticas, sometidas a las mismas condiciones de presión y temperatura, darán lugar a rocas metamórficas idénticas, independientemente del lugar y época en que se hayan producido las transformaciones. Inversamente, a partir de una roca metamórfica dada, podemos reconstruir la roca inicial a partir de la cual se formó.*

De esta manera, podemos definir una **facies metamórfica** como un conjunto de rocas formadas por un conjunto de asociaciones minerales que se han formado en un intervalo concreto de presión y temperatura.

A partir de datos experimentales se ha llegado a establecer ocho facies distintas, caracterizadas por unas condiciones de presión y temperatura y por una composición química concreta. Así, por ejemplo, está la facies de los esquistos azules, de la ceolita, de las corneanas, etc.

4. ROCAS METAMÓRFICAS

4.1. Minerales metamórficos

El estudio de los minerales metamórficos, entendidos como aquéllos que se originan exclusivamente durante un proceso metamórfico, nos permite interpretar la historia de los procesos metamórficos plasmados en las rocas metamórficas. Según su campo de estabilidad, éstos se engloban en dos grandes grupos:

– **Minerales de "stress"**. Son minerales estables a alta presión litostática, combinada con una fuerte presión unidireccional. Se forman como respuesta a las exigencias de estas presiones en el proceso metamórfico. Algunos de ellos son el granate, el talco, la biotita, la distena, la estaurolita o los granates.

– **Minerales "anti-stress"**. En estos minerales el campo de estabilidad viene reducido e, incluso suprimido por la acción de la presión tectónica orientada. Se contraponen a los minerales *stress*. Son ejemplos la andalucita, la cordierita, la anortita (que también se encuentra en las rocas ígneas), etc.

4.2. Clases químicas

Las rocas metamórficas se pueden clasificar en diferentes grupos según su composición química. Esta clasificación, no obstante existir, no es la más utilizada para agrupar a las rocas metamórficas. Podemos clasificarlas en grupos como *cuarzos y silicatos*, rocas *aluminosas*, *carbonatadas*, *magnesianas* o *ferruginosas*.

4.3. Texturas y estructuras metamórficas

TEXTURAS
La *textura* se refiere a las observaciones microscópicas de los granos minerales. Podemos clasificar las estructuras según varios criterios:

1) Según la forma del grano pueden ser:

– **Idiomorfa**. Tienen cristales con formas regulares.

- **Alotriomorfa o xenoforma.** Tienen cristales irregulares.

2) Según el tamaño del grano:

- **Granoblástica.** Con minerales granudos sin orientación preferente. Pueden ser:

  • Equigranular: los granos son del mismo tamaño.

  • Inequigranular: los granos son de distinto tamaño.

- **Lepidoblástica.** Los granos están aplanados y orientados. Un caso característico son las micas.

- **Nematoblástica.** Los granos son prismáticos o aciculares, generalmente orientados en una dirección.

- **Porfidoblástica.** Es una textura en que existen cristales que son de mayor tamaño que el resto.

- **Texturas mosqueadas.** Se trata de texturas con grandes cristales que contienen pequeñas inclusiones en su interior. Esto ocurre frecuentemente en el metamorfismo de contacto.

3) Según la presencia de texturas reaccionales pueden ser:

- **Coronas kelifíticas.** Se trata de minerales que están rodeados por otros formando una corona de reacción. Se en rocas que se han formado a altas presiones.

- **Coronas complejas.** Son similares a las anteriores pero de mayor complejidad.

- **Sombras de presión.** En algunos minerales se observan unas formas que recuerdan a sombras que los acompañan. Se producen cuando existen presiones que deforman por aplastamiento ciertos minerales. Al microscopio se observan formas gruesas por el centro y alargadas por los bordes.

ESTRUCTURAS

La *estructura* hace referencia a la disposición de los átomos, moléculas o minerales que forman una roca metamórfica. Vamos a ver rápidamente cuatro de las más comunes:

- **Esquistosidad**. Se dice que una roca está afectada de esquistosidad cuando se presenta como cortada en hojas paralelas de origen tectónico. Esto se puede ver en micas, esquistos o en micacitas.

- **Micropliegues**. Son pliegues de pequeñas dimensiones dentro de la estructura de la roca, y se suelen presentar cortados por planos de esquistosidad. Suelen aparecer en las zonas de las charnelas de los pliegues, en las que se produce un flujo de materia.

- **Foliación**. Se caracteriza por la distribución planar y orientada de minerales recristalizados en el mismo proceso metamórfico. Aparece, usualmente, en los elementos más avanzados de la roca metamórfica como las micasquistos, micacitas, neises o migmatitas. En el caso de las micacitas y los gneises, esquistosidad y foliación suelen presentarse paralelamente.

- **Lineación**. Se trata de la orientación linear de minerales formados en el proceso metamórfico. Se da en las más profundas de las series metamórficas, como los gneises y las migmatitas.

4.4. Rocas metamórficas más importantes

A continuación vamos a ver cuáles son las rocas metamórficas más importantes. La forma de clasificación es muy diversa. Vamos a seguir una clasificación según su origen, primero comentando las rocas del metamorfismo regional y, después, las del metamorfismo de contacto y dinámico.

METAMORFISMO REGIONAL

- **Metapelitas**. Son rocas que provienen de sedimentos pelíticos (tamaño menor de 2 micras, con aluminio, potasio y sílice), es decir, limos y arcillas. De menor a mayor grado encontramos:

  - Pizarras: contiene minerales microscópicos; presenta pizarrosidad. Coloración oscura-negra, con mucha materia orgánica. Existe cuarzo y albita como minerales identificativos, e indicadores del bajo grado de metamorfismo. También presenta sericita, clorita y cloritoide.
  - Filitas: son rocas parecidas a las pizarras pero de grano más grueso. Contiene biotita.

  - Esquistos: presentan minerales visibles a simple vista. Se encuentran en metamorfismo de grado bajo y medio. Pueden contener granates, estaurolita, cordierita y distena. Si presentan gran cantidad de micas se les llama *micacitas*.

  - Gneises: presentan poco esquistosidad, pues la moscovita ha desaparecido, se ha transformado.

- **Metasamitas**. Son rocas procedentes de rocas sedimentarias silíceas. Se llaman *cuarcitas* si tienen más del 80% de cuarzo. Las de alto grado de metamorfismo se llaman paragneises. No presentan esquistosidad.

- **Rocas carbonatadas**. Son rocas sin esquistosidad. Existen varios tipos:

  - Mármoles: proceden de rocas calcáreas, calizas o dolomías.

  - Skarns: son rocas carbonatadas de origen metasomático.

  - Rocas de silicatos cálcicos: proceden de margas, que presentan mayor cantidad de silicatos.

- **Rocas metaígneas**. Se trata de rocas ígneas que han sufrido, posteriormente, un proceso de metamorfismo. Éstas se clasifican según la acidez en diversos tipos:

  - Ácidas: pueden ser de origen volcánico o plutónico. Normalmente, forman los ortogneises.

  - Básicas: estas rocas presentan una composición química muy sensible a los cambios de presión y temperatura; son, por tanto, buenos indicadores de los grados de metamorfismo. Siguiendo este criterio se clasifican en:

- o *Esquistos azules*: se encuentran en zonas de baja temperatura.
- o *Esquistos verdes*: en zonas de grado medio.
- o *Anfibolitas*: grado medio – alto.
- o *Granulitas*: grado alto.
- o *Eclogitas*: se encuentran en zonas donde la presión es alta.

- • Ultrabásicas: proceden de peridotitas. Principalmente, son las *serpentinitas*, que son verdosas y tiene serpentina.

- **Migmatitas**. Son rocas parcialmente fundidas. Frecuentemente, presentan estructuras bandeadas, siendo las bandas más oscuras las pertenecientes a los minerales metamórficos, y las más claras a los minerales que no han llegado a fundirse. La composición es similar a la del granito y la composición de minerales similar a los gneises.

METAMORFISMO DE CONTACTO

- **Corneanas**. Son rocas duras y masivas que han perdido su estructura incial. Se encuentran en la zona más interna de la aureola de contacto. Son de grano fino.

- **Pizarras y esquistos mosqueados**. Se trata de pizarras o esquistos que no han perdido totalmente la esquistosidad. Es frecuente la presencia de porfidoblastos.

METAMORFISMO DINÁMICO

- **Cataclastitas**. Son rocas sin esquistosidad y con rasgos de microtrituración.

- **Milonitas**. Rocas con foliaciones y lineaciones.

- **Pseudotaquilitas**. Son rocas que han sido a muy altas presiones y llegan a presentar vidrios parecidos al basalto.

5. DISTRIBUCIÓN DEL METAMORFISMO EN LA TECTÓNICA DE PLACAS

A continuación vamos a ver las zonas del planeta donde se dan procesos metamórficos. Estas zonas las vamos a encontrar en dos lugares diferentes: bien cerca de los bordes de placas, bien en el interior de éstas, que corresponderán, en definitiva, a los distintos tipos de metamorfismo que hemos visto.

- **Bordes de placa constructivos**. En zonas cercanas a las dorsales oceánicas. En estas zonas predomina la alta temperatura, que altera tanto a rocas sedimentarias como a magmáticas. Se producen metagabros y metabasaltos.

- **Bordes de placa destructivos**. Se dan en zonas marginales de algunas placas. En los bordes continentales se produce un metamorfismo regional, mientras que en los arcos-isla se suelen formar dos cinturones metamórficos paralelos de igual edad pero de características físicas diferentes:

  • Un <u>cinturón externo</u>, de alta presión; se produce cerca de la superficie, en la zona donde la placa oceánica subduce bajo la continental.

  • Un <u>cinturón interno</u>, de alta temperatura; se da en la base más profunda de la zona de subducción, donde los materiales empiezan a fundirse.

- **Bordes pasivos**. Principalmente en fallas transformantes. Se produce un tipo de metamorfismo cataclástico con milonitas que lo caracterizan.

- **Zonas de intraplaca**. Generalmente, se produce un metamorfismo regional. Se generan granulitas y eclogitas, que sólo ocasionalmente afloran al exterior. También se puede dar un metamorfismo de contacto, que se origina por intrusiones magmáticas generadas en focos puntuales. Por su extensión, es uno de los lugares donde más rocas metamórficas se generan.

6. CONCLUSIÓN

Tras haber estudiado las características más importantes del metamorfismo, hemos de ser conscientes de la importancia que tiene este proceso en la formación de rocas en nuestro planeta. Los factores de presión y temperatura, que nos pasan desapercibidos en el día a día, son una constante en todo el planeta.

Por otra parte, el estudio de las rocas metamórficas nos ayuda a comprender un poco mejor cómo está estructurado nuestro planeta, así como cuál es su funcionamiento y dinámica. Nos damos cuenta de procesos que han tenido lugar durante miles de años y que continúan hoy día, lentos pero continuos.

Bibliografía útil:

ANGUITA, F. (1991) "Procesos geológicos internos". Ed. Rueda.

ANGUITA, F. y otros (1993) "Procesos geológicos externos y Geología ambiental". Ed. Rueda.

BEST, M. G. (2002) "Igneous and metamorphic Petrology". Ed. Blackwell.

LILLO, J. y otros. (1982) "Geología". Ed. Ecir.

MELÉNDEZ, B. y otros. (2001) "Geología". Ed. Paraninfo.

STRAHLER, A. (1997) "Geología Física". Ed. Omega.

www.ingramcontent.com/pod-product-compliance
Lightning Source LLC
Chambersburg PA
CBHW070914180526
45168CB00005B/2013